棉花种植业硫丹淘汰政策与行动

Policies and Actions for Endosulfan Phase-out in Cotton Cultivation

张扬 任永 彭政/编著

中国环境出版集团 · 北京

图书在版编目（CIP）数据

棉花种植业硫丹淘汰政策与行动/张扬，任永，彭政编著. —北京：中国环境出版集团，2022.2
ISBN 978-7-5111-5098-1
Ⅰ. ①棉…　Ⅱ. ①张…②任…③彭…　Ⅲ. 硫丹—淘汰产品—研究—中国　Ⅳ. ①TQ453.2

中国版本图书馆 CIP 数据核字（2022）第 048007 号

出 版 人　武德凯
责任编辑　李恩军
责任校对　任　丽
封面设计　宋　瑞

出版发行　中国环境出版集团
（100062　北京市东城区广渠门内大街 16 号）
网　　址：http://www.cesp.com.cn
电子邮箱：bjgl@cesp.com.cn
联系电话：010-67112765（编辑管理部）
发行热线：010-67125803，010-67113405（传真）
印　　刷　北京中献拓方科技发展有限公司
经　　销　各地新华书店
版　　次　2022 年 2 月第 1 版
印　　次　2022 年 2 月第 1 次印刷
开　　本　787×960　1/16
印　　张　14.5
字　　数　190 千字
定　　价　66.00 元

编委会

主　编

张　扬　任　永　彭　政

编　委（按姓氏笔画排序）

马小艳　马江锋　王　坚　王昊杨　王京京　任　永
刘炳辉　余　浪　张　扬　郑　哲　姜　晨　洪　云
郭　荣　唐　睿　黄　健　彭　政

前　言

2001 年，为了保护人类健康和环境免受持久性有机污染物（POPs）的危害，联合国环境规划署在瑞典斯德哥尔摩市召开了外交全权代表大会，通过了《关于持久性有机污染物的斯德哥尔摩公约》（以下简称《斯德哥尔摩公约》）。《斯德哥尔摩公约》将包括滴滴涕、二噁英、六氯苯、多氯联苯等 12 种化学物质列入首批受控物质清单。2004 年，经第十届全国人大常委会第十次会议批准，《斯德哥尔摩公约》正式对我国生效。

2011 年，第五次缔约方大会将硫丹列入受控 POPs 清单。硫丹作为一类广谱性杀虫剂，在世界范围内广泛应用于农业虫害的防治。在我国，其主要用于棉花种植虫害防治。2013 年 8 月，第十二届全国人大常委会第四次会议批准《〈关于持久性有机污染物的斯德哥尔摩公约〉新增列九种持久性有机污染物修正案》和《〈关于持久性有机污染物的斯德哥尔摩公约〉新增列硫丹修正案》。包括环境保护部在内的十二个部委于 2014 年 3 月 25 日发布了修正案生效的公告（公告 2014 年第 21 号）。按公告要求，我国需在特定豁免期结束前（2019 年 3 月 25 日前）淘汰在棉花种植等行业中使用的硫丹，以实现硫丹在我国境内的全面淘汰。为落实修正案要求，推动我国硫丹的淘汰与替代工作，2017 年，环境保护部对外合作与交流中心与联合国开发计划署（UNDP）合作开发了“中国硫丹淘汰项目”（以下简称项目），并获得全球环境基金（GEF）批准，旨在通过生物防治和替代技术淘汰硫丹，项目执行期为2017—2021年。

项目以新疆为主要示范区，通过开展棉田硫丹替代技术的筛选、示范、培训、宣传、推广，以及对库存硫丹的无害化处置，完成了硫丹的淘汰和替代工作。本书详细介绍了我国在硫丹禁限用政策、硫丹替代技术的筛选、棉铃虫预测模型的开发、示范区建设、绿色替代技术的应用方式、硫丹替代技术的全国推广、改变棉农对硫丹淘汰政策与替代技术的态度行为和硫丹废物处置等方面取得的成果。项目的实施对我国《斯德哥尔摩公约》履约、农业绿色发展和农村污染治理攻坚战起到了重要的推动作用。

由于笔者水平有限，书中难免存在不妥之处，敬请广大读者批评指正。

本书编委会

2022年3月

目　录

第1章

硫丹的生产使用及禁限用政策

1.1　我国硫丹生产、使用情况

硫丹（Endosulfan）又名赛丹、硕丹或安杀丹，是一种有机氯化合物，化学名称为（1,4,5,6,7,7-六氯-8,9,10-三降冰片-5-烯-2,3-亚基双甲基）亚硫酸酯，主要用于防治棉花、果树、蔬菜、烟草等作物上的咀嚼式和刺吸式口器害虫，对螨类也有一定的防治效果，在我国曾经用于苹果树、茶树、棉花和烟草的害虫防治。

在生产方面，我国曾有二十多家农药生产厂登记过硫丹或硫丹制剂产品，但登记证全部于 2018 年 7 月 1 日失效。在原药生产方面，仅有江苏快达农化股份有限公司、江苏安邦电化有限公司两家企业有生产历史，且分别于 2014 年和 2018 年停止了硫丹原药的生产。我国硫丹生产的高峰期为 2001 年，产量达到了 2 400 t 左右，此后受政策影响，产量急剧下降，到 2018 年产量仅为 500 余 t。

学者贾宏亮估算了我国 1994—2004 年硫丹的使用清单。其研究结果显示，硫丹的使用可分为两个阶段：第一阶段是 1994—1997 年，硫丹仅在棉花上使用，每年的使用量大概在 1 400 t；第二阶段是 1998—2004 年，硫丹在我国的年均使用量在 3 000 t 左右，使用的作物有棉花、小麦、茶树、烟草和苹果树。在 1994—2004 年，我国共使用硫丹 25 700 t。由于α-硫丹和 β-硫丹的比例为 7∶3，所以这一时期 α-硫丹的使用量为 17 990 t，β-硫丹的使用量为 7 710 t。

在 1994—2004 年这一时期，硫丹在棉花上的使用量要远高于其他作物，大约有 15 000 t；其次是小麦，大约有 4 000 t；茶树分别约为 3 000 t，烟草和苹果树为 2 000 t。在省级层面，河南是使用量最大的省，总使用量达到了 4 000 t；其次是新疆，总使用量为 3 200 t；山东、河北和安徽分列第三位、第四位、第五位，使用量分别是 3 000 t、2 100 t 和 1 900 t。在地

* 本章由张扬完成。

级市层面，使用量最高的是河南省的周口市，总使用量为 780 t；其次是河南省的南阳市，为 630 t；江苏省的盐城市排第三位，为 610 t；河南省的商丘为 590 t，山东省的菏泽为 587 t，分别排在第四位、第五位（贾宏亮，2010）。

1.2 禁限用政策

1.2.1 硫丹在国际上的管理及禁用进程

2000 年，美国国家环境保护局（EPA）取消硫丹在家庭和花园使用的许可。

2002 年，美国鱼类及野生动植物管理局（FWS）建议取消对硫丹的登记。美国国家环境保护局发现，硫丹在食物和水中的残留对健康造成威胁，随即限定了硫丹在水和食物中最大的不可接受风险，虽然允许硫丹在市场流通，但仅限于农业生产使用。

2005 年，欧盟撤销硫丹的登记，要求其成员国停止使用硫丹。

2007 年，国际上限制硫丹销售和使用的呼声渐高。硫丹被推荐列入《鹿特丹公约》[①]的事先知情同意原则（principle of informed consent）列表，欧盟建议将硫丹列入旨在消除全球持久性有机污染物的《斯德哥尔摩公约》。与此同时，加拿大政府宣布将考虑禁用硫丹。

2009 年，《斯德哥尔摩公约》持久性有机污染物审查委员会（POPRC）明确硫丹为持久性有机污染物，并建议采取全球行动消除该农药，自此掀起了全球禁用硫丹的浪潮。同年，新西兰宣布禁用硫丹。

2010 年，POPRC 决定向 2011 年 4 月召开的《斯德哥尔摩公约》缔约国大会提交增列硫丹的建议；同年，美国撤销硫丹登记，澳大利亚宣

① 全称为《关于在国际贸易中对某些危险化学品和农药采用率先知情同意程序的鹿特丹公约》，1998 年在鹿特丹制定。

布禁用硫丹。

2011 年 4 月 25 日至 29 日，《斯德哥尔摩公约》第五次缔约大会将硫丹及其相关异构体列入公约附件 A（消除类），同意就一些作物虫害防治用途及其生产给予特定豁免，包括棉花、蔬菜、谷物、烟草等作物上的多种虫害防治。

1.2.2　硫丹在我国的管理及禁用进程

2011年6月15日，农业部、工业和信息化部、环境保护部、国家工商行政管理总局、国家质量监督检验检疫总局发布第1586号公告，停止受理硫丹等22种农药新增田间试验申请、登记申请及生产许可申请，并撤销硫丹在苹果树、茶树上的登记。

2013 年 8 月，第十二届全国人大常委会第四次会议批准《〈关于持久性有机污染物的斯德哥尔摩公约〉新增列九种持久性有机污染物修正案》和《〈关于持久性有机污染物的斯德哥尔摩公约〉新增列硫丹修正案》。2014 年 3 月 25 日，环境保护部等十二部委发布了修正案生效的公告（公告 2014 年第 21 号），决定自 2014 年 3 月 26 日起，禁止硫丹除特定豁免（用于防治棉花棉铃虫、烟草烟青虫的生产和使用）外的生产、流通、使用和进出口，并要求在特定豁免期 2019 年 3 月 25 日前结束棉花和烟草行业两种特定豁免用途的使用，实现硫丹在我国境内的全面淘汰。

2017 年 7 月 14 日，农业部发布第 2552 号公告，宣布自 2018 年 7 月 1 日起，撤销含硫丹产品的农药登记证；自 2019 年 3 月 26 日起，禁止含硫丹产品在农业上使用。

2019 年 3 月 4 日，生态环境部、农业农村部、海关总署和国家市场监督管理总局等 11 个部门发布《关于禁止生产、流通、使用和进出口林丹等持久性有机污染物的公告》（生态环境部 2019 年第 10 号公告），宣布自 2019 年 3 月 26 日起，禁止林丹和硫丹的生产、流通、使用和进出口。自此，我国开始全面禁止硫丹的生产、流通、使用和进出口。

参考文献

[1] 贾宏亮. 硫丹在中国土壤大气中空间分布及传播的研究[D]. 大连：大连海事大学，2010.

第 2 章

替代硫丹的棉花病虫害全程绿色防控技术模式研究

2.1　背景

硫丹是一种高毒的广谱杀虫剂，属持久性有机污染物，随着我国于2001 年签署《斯德哥尔摩公约》，我国需要在之后的 5 年或 10 年内停止硫丹的生产和使用。为达到我国于 2019 年全面淘汰硫丹的目的，全球环境基金“中国硫丹淘汰项目”于 2017 年启动，并于 2018 年在新疆棉花产区进行了硫丹替代方法筛选试验及棉花病虫害全程绿色防控技术模式的开发工作。项目组于 2018 年 6—9 月在新疆沙湾县共计 755 亩[①]棉田中，针对第二代和第三代棉铃虫，将硫丹作为对照，对包含监测、生物防治、化学防治在内的 14 种可能的替代方法进行了筛选试验，最终确定了包括性信息素诱捕，喷施氯虫苯甲酰胺、棉铃虫核型多角体病毒（棉铃虫 NPV）和苏云金芽孢杆菌（Bt）等 4 种综合表现高于硫丹的最佳替代方法，以及施用短稳杆菌、氟苯虫酰胺和甲维盐 · 虱螨脲等 3 种与硫丹表现相当的可替代优良方法。根据试验结果及新疆当地棉花种植情况，项目组进一步设计了棉花病虫害全程绿色防控技术模式和与其相应的农时月历，用于将优选的硫丹替代方法在我国棉花产区大规模推广，助力硫丹在我国的全面淘汰工作。

2.2　材料方法

2.2.1　项目整体设计

在项目实施过程中，经过专家论证和评估，确定了项目的整体设计思路，如图 2-1 所示。

* 本章由唐睿、郭荣、王昊杨、郑哲、余浪、张金平、张峰、杨普云、张扬等完成。

① 1 亩≈666.67 m^2。

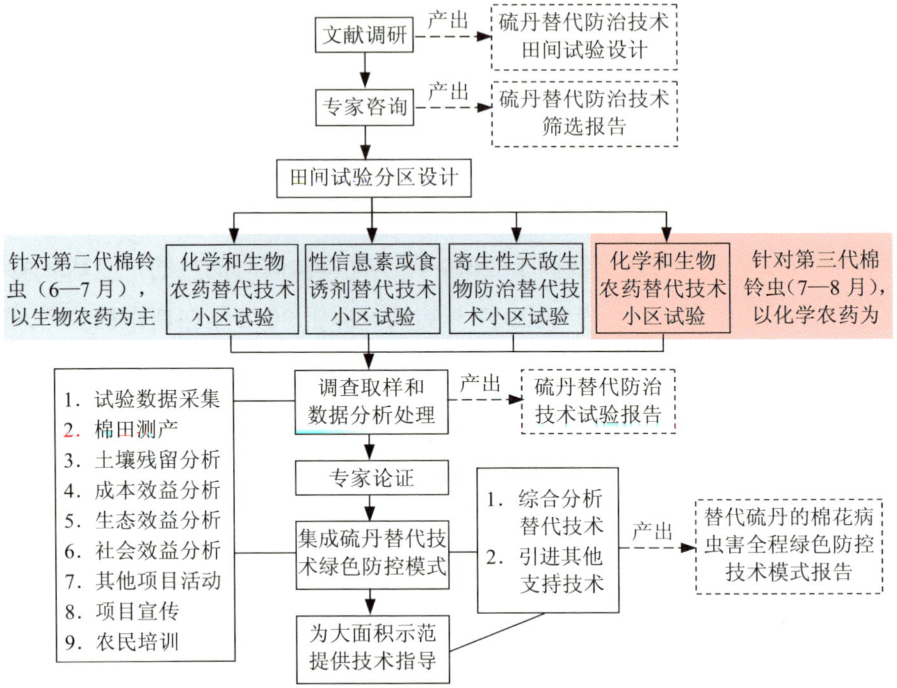

图 2-1 项目整体设计及实施流程

注：蓝色为针对第二代棉铃虫的小区试验设计，红色为针对第三代棉铃虫的小区试验设计。

沙湾县地处新疆天山北麓，准噶尔盆地南缘，是一个以农业为主、农牧结合的农业大县，也是新疆乃至全国的产棉大县之一，全县耕地面积 235 万亩，其中棉花种植面积于 2018 年达到 180.6 万亩，棉花已成为全县农业支柱产业之一。沙湾县是新疆优质棉生产基地县，具有得天独厚的种植棉花的光热资源和气候条件，所产棉花棉绒长，棉质好，且十分适宜机采棉规模化种植。自 2009 年全县开始推广机采棉以来，沙湾县的机械化棉花种植产业也走在全国前列，棉花生产过程中的耕整地、播种、植保已全部实现机械化作业。据悉，2013 年，沙湾县采棉机保有量达到 84 台，机采模式棉花播种机 1 320 台，全年机采模式棉花种植面积达到 72.6 万亩。近年来，沙湾县合作社农业模式兴起，尤其在棉花种植方面，由合作社大户介导的统防统治和全程机械化作业取得了长足进展，全面提高了中小农户的收入，也为大型推广示范奠定了良好的群众基础。沙湾县的棉花种植模式非常适合开展替代硫丹的棉花病虫害全程绿色防控技术筛选工作，尤其有利于项目后期的大面积推广示范和农药减量增效任务的完成。

在沙湾县棉花大田中实施的小区试验为本项目的核心活动，经过多方论证，最终确定针对第二代及第三代棉铃虫进行替代技术试验，其中包含物理诱捕、天敌防治及生物/化学农药喷施等方法。分别以硫丹、清水喷洒及自防田为对照，考察各替代方法在实施小区的防效、生态效益及经济效益。其中，针对第二代棉铃虫的小区试验于 2018 年 6 月 30 日—7 月 15 日展开，主要筛选包含生物防治在内的绿色方法；针对第三代棉铃虫的小区试验于 2018 年 8 月 6—13 日展开，主要筛选数种可用于替代的化学防治方法。

结合全球环境基金“中国硫丹淘汰项目”的其他工作包内容，本项目同时与各项目实施方协作，积极组织或参与了其他项目的有关活动，包括农民培训与技术转移推广（如农民田间学校等）、项目内容宣传与推广、除试验外的多方考察及分析等，以期将试验成果进行最大化产出，为各方提供翔实可靠的试验数据。

2.2.2　用于试验的替代技术筛选

2.2.2.1　硫丹替代方法的筛选及确定

本试验在选择替代方法的过程中，首先考虑农药毒性及其环境影响；其次考虑杀虫谱和防效、经济适用性、操作和推广难度，以及技术的成熟性等综合因素；最后考虑模型集成和立体化防治构思，并着重推广和推荐国产优秀产品。因此，在选择新疆本地大面积示范的成熟产品的同时，也选择了数个技术成熟、成本效益优秀、低毒环保和靶标明确的棉铃虫防治产品用于筛选。截至本试验开始时，我国取得农药登记用于防治棉花棉铃虫的农药品种有1 496个（含制剂），其中，微毒品种7个（包含氟铃脲、氯虫苯甲酰胺、Bt、茚虫威等）；低毒品种515个（包含甲维盐、阿维菌素、短稳杆菌、高效氯氰菊酯、棉铃虫NPV等），低毒登记但原药高毒品种55个；中等毒品种723个，中等毒但原药高毒品种90个；高毒品种101个；诱捕类品种5个。我国登记的硫丹品种（含制剂）有111个，其中49个均为高毒，仅有6个复配品种登记为低毒性。

根据项目产出《可替代硫丹的关键生物防控和防治技术筛选报告》中的详述方法，在针对第二代棉铃虫防治的小区试验中，我们优先选择登记微毒产品和对环境影响极低的Bt（国产）及氯虫苯甲酰胺单剂（进口），而氟铃脲·茚虫威目前只有国产的复配剂，因此选择本复配剂使用；棉铃虫NPV因其已在新疆有过成熟的大面积推广工作，考虑集成的可行性，因此选择；短稳杆菌是一种新型广谱生物农药，考虑试验设计的创新性和其本身优异的环境友好性，因此选择；性诱和食诱为最主要的生化诱捕/诱杀方法，考虑集成模型的立体化监测/防治效果，因此选择；螟黄赤眼蜂是唯一可选的潜在棉铃虫的天敌昆虫产品，且因释放技术的改进已经降低了操作难度，因此选择。同时，经过专家评估和讨论，认为由于筛选的化学农药成分较为单一，考虑到长期使用同种农药会持续增加棉铃虫的抗药性，并且诱发次生性害虫（棉蚜、棉叶螨等）大量暴发，有必要选择一部分优秀的复配产品。因此，我们增加了就第三代棉铃虫进行进一步筛选的工作。第三代小区试验选择了高效低毒且使用广泛的单剂，配合高效低毒农药的新型复配制剂（包括甲氨基阿维菌素苯甲酸盐、氟苯虫酰胺、阿维菌素·氯虫苯甲酰胺、甲维盐·虱螨脲、印楝素5种硫丹替代药剂品种）。

2.2.2.2 试验所用药品及来源

根据选择的替代方法，挑选有高质量对应产品的生产企业，购买如下产品用于试验（表2-1）。

表 2-1　小区试验所用替代方法信息

有效成分	英文	商品名/剂型参数	剂量	来源	估算成本	WHO 分级
第二代试验 Second generation						
棉铃虫性信息素	Sex pheromone of helicoverpa armigera	毛细管≥20 天	1 个/亩	宁波纽康生物技术有限公司	25 元/亩	—
棉铃虫食诱剂	Botanical Bio Attract H.armigera	科桐	15 mL/亩	深圳百乐宝生物农业科技有限公司	13.5 元/亩	—
螟黄赤眼蜂	Trichogramma chilonis	赤眼峰抛卵球	30 万头/亩	河南省济源白云实业有限公司	15 元/亩	—
氯虫苯甲酰胺	Chlorantraniliprole	康宽 200g/L 悬浮剂	10 mL/亩	美国杜邦公司	21 元/亩	U
氟铃脲・茚虫威	Fluoropyrazine/Indoxacarb	刚劲 30%悬浮剂	10 g/亩	江苏克胜集团股份有限公司	22 元/亩	U/ II
棉铃虫 NPV	H.armigera nuclear polyhedrosisvirus	恩劈威 600 亿 PIB/g 水分散粒剂	2.5 g/亩	河南省济源白云实业有限公司	7.6 元/亩	—
Bt	Bacillus thuringiensis	无敌小子 3.2 万 IU/mg 可湿性粉剂	50 g/亩	武汉科诺生物科技股份有限公司	10 元/亩	III
短稳杆菌	Empedobacter brevis	100 亿孢子/mL 悬浮剂	50 mL/亩	镇江市润宇生物科技开发有限公司	15 元/亩	—
硫丹	Endosulfan	35%乳油	100 mL/亩	江苏安邦电化有限公司	5 元/亩	I
甘蓝夜蛾 NPV	Mamestra brassicae NPV	康邦 20 亿 PIB/mL 悬浮剂	50 mL/亩	江西省新龙生物科技有限公司	20 元/亩	—
清水	Watercontrol	N/A	N/A	N/A	N/A	—

有效成分	英文	商品名/剂型参数	剂量	来源	估算成本	WHO 分级
第三代试验 Third generation						
甲氨基阿维菌素苯甲酸盐	Emamectin Benzoate	5.7%水分散颗粒剂	10/15/20g/亩	河北威远生物化工股份有限公司	2.5 元/亩	—
氟苯虫酰胺	Flubendiamide	龙灯福先安 10%水分散颗粒剂	10/15/20g/亩	江苏龙灯化学有限公司	15 元/亩	—
阿维菌素·氯虫苯甲酰胺	Abzmectin/Chlorantraniliprole	亮泰 6%悬浮剂	40/50/60 mL/亩	先正达（中国）投资有限公司	12.5 元/亩	—/II
甲维盐·虱螨脲	Emamectin Benzoate/Lufenuron	普克猛 45%水分散颗粒剂	15/20/25 g/亩	先正达（中国）投资有限公司	15 元/亩	—
印楝素	Azadirachtin	印恋 0.3%乳油	60/90/120 g/亩	成都绿金生物科技有限责任公司	22 元/亩	—
硫丹	Endosulfan	35%乳油	100 mL/亩	江苏安邦电化有限公司	5 元/亩	I
清水	Watercontrol	N/A	N/A	N/A	N/A	—

注：Ⅰa = 剧毒；Ⅰb = 高毒；II = 中毒；III = 低毒；U = 常规使用基本无毒；FM = 熏蒸剂，未分类；O = 已不作为农药使用，未分类。报告书：World Health Organization.（2010）. The WHO recommended classification of pesticides by hazard and guidelines to classification（2009）。

对于化学/生物农药替代技术，试验时采用机动施药罐施药，每亩喷水量 50 L，先用水稀释后再喷施，采用三层立体喷雾头，喷雾压力不低于 2 kg/cm^2。

2.2.3　试验小区的选择及设计

2.2.3.1　样地概况

试验地设置于沙湾县大泉乡烧坊庄子村双泉合作社滴灌棉田（N 44°21′，E 85°38′），面积共计 755 亩，前茬作物为棉花，土质为壤土，地势平坦，肥力中等。供试棉花品种为新陆早 61 号，各处理品种一致，棉种包衣处理，于 4 月 8—15 日完成播种，试验前大田未施用化学农药，10 月实行机采收获（图 2-2）。

图 2-2　小区样地总览

注：绿色为第一大区，蓝色为第二大区，橘红色为第三大区。

2.2.3.2 试验设计

试验共分三个大区（图 2-2），第一大区及第二大区用于第二代棉铃虫替代方法/药剂的筛选试验。第一大区主要为生物防治及诱捕等替代技术，从西至东分别设置：清水对照（3 组共 5 亩，每亩喷清水 50 L）、螟黄赤眼蜂生物防治（3 组共 30 亩，每亩释放量为 1 万头）、食诱剂诱捕防治（3 组共 200 亩，用叶片滴洒法施用食诱剂，在每亩的中心棉株选取 5 行，每行 10 m）、信息素群集诱杀防治（3 组共 200 亩，每亩设置干式飞蛾诱捕器 1 个，诱芯为毛细管式，持效期 20 天以上）、自防田对照（3 组共 45 亩，合作社自行防治，喷施甘蓝夜蛾棉铃虫 NPV，自防田随机设置 5 个信息素诱捕器作为背景调查）。信息素诱捕器于试验前 5 天设置，监测虫口密度，于背景调查前移除所有诱集到的棉铃虫成虫，以方便调查。螟黄赤眼蜂受羽化期时间限制，于释放前 5 天购买，6 月 19 日调查前进行一次释放，以增加田间天敌虫口，6 月 30 日释放，作为试验处理。

第二大区为化学/生物农药替代，用于防治第二代棉铃虫。各农药按照表 2-1 中的剂量进行施用，每种农药每个重复占地 15 亩，3 个重复相对随机排列于田中，为去除边缘效应，调查时仅就中心 5 行棉田进行。从西至东的处理顺序：硫丹（处理 1）、康宽（处理 1）、棉铃虫 NPV（处理 1）、Bt（处理 1）、短稳杆菌（处理 1）、氟铃脲 • 茚虫威（处理 1）、硫丹（处理 2）、康宽（处理 2）、棉铃虫 NPV（处理 2）、Bt（处理 2）、短稳杆菌（处理 2）、氟铃脲 • 茚虫威（处理 2）、硫丹（处理 3）、康宽（处理 3）、棉铃虫 NPV（处理 3）、Bt（处理 3）、短稳杆菌（处理 3）、氟铃脲 • 茚虫威（处理 3）。农机打药时采取 S 形作业方式，一次性将对应小区处理打够 3 次重复，田间地头使用号码牌标记处理组，防止施药错误。

第三大区为化学/生物农药替代二次筛选，用于防治第三代棉铃虫。施药方式和调查点设置同第二大区，增设各组替代药剂的剂量比较，从西至东的处理顺序：清水对照（3 组共 15 亩）、硫丹对照（常规剂量 3 组共 15

亩）、印楝素（高剂量 3 组，15 亩，处理 1）、甲维盐・虱螨脲（高剂量 3 组，15 亩，处理 1）、阿维菌素・氯虫苯甲酰胺（高剂量 3 组，15 亩，处理 1）、氟苯虫酰胺（高剂量 3 组，15 亩，处理 1）、甲维盐（高剂量 3 组，15 亩，处理 1）、印楝素（常规剂量 3 组，15 亩，处理 2）、甲维盐・虱螨脲（常规剂量 3 组，15 亩，处理 2）、阿维菌素・氯虫苯甲酰胺（常规剂量 3 组，15 亩，处理 2）、氟苯虫酰胺（常规剂量 3 组，15 亩，处理 2）、甲维盐（常规剂量 3 组，15 亩，处理 2）、印楝素（低剂量 3 组，15 亩，处理 3）、甲维盐・虱螨脲（低剂量 3 组，15 亩，处理 3）、阿维菌素・氯虫苯甲酰胺（低剂量 3 组，15 亩，处理 3）、氟苯虫酰胺（低剂量 3 组，15 亩，处理 3）、甲维盐（低剂量 3 组，15 亩，处理 3）。

2.2.4　调查方法

2.2.4.1　时间安排

针对第二代棉铃虫的小区试验包含第一大区、第二大区，6 月 29 日进行背景调查，30 日设置各组处理及对照（除信息素），之后分别于 7 月 1 日、3 日、7 日、15 日进行 4 次调查。针对第三代棉铃虫试验地第三大区，于 8 月 6 日进行背景调查，之后分别于 7 日、9 日、13 日进行 3 次调查。调查人员为有植保/农业背景的来自石河子大学及先正达集团股份有限公司的在校研究生、老师及技术人员，由合作社组织。试验结束后，于 9 月 18—20 日进行棉田理论测产，每个处理选取 3 个重复。

2.2.4.2　调查点设置

为避免边缘效应影响，每块样地每个重复单独定点定株取样，定株方法为取小区中央 5 行棉株，做对角线标记，每个小区设 5 个调查点，每个点顺行调查 20 株棉株，每个小区共计调查 100 株。第二代棉铃虫试验每次调查共计 33 个小区，调查棉花总数 3 300 株。第三代棉铃虫试验定点方法相同，包含处理共 17 组，每组 3 个重复，共计 51 个小区。因工作量较大，故每点定株 15 株，增设兼治害虫调查，以保证每次调查可以完成所有小区。具体定株方法为在每行前、中、后各取 1 株做标记持续调查，每行定 3 株，每个小区共 5 行 15 株，每次调查共计 765 株。

对于诱捕小区（食诱及性诱），固定 15 个调查点，每次调查记录诱捕器或田间诱捕带诱捕（诱杀）到的棉铃虫成虫数量。自防田中，每次调查 5 个诱捕器的所有诱捕数量，以此作为背景参考。

2.2.4.3 调查内容

第二代棉铃虫试验中，所有小区每次调查包含：①棉花生长发育情况，计数每株的果枝数、现蕾数、开花数及成铃数；②害虫情况，记录每株棉花上发现的各龄期棉铃虫幼虫并分别计数；③生态效应，记录每株棉花上发现的益虫种类和数量。

对于诱捕小区（食诱及性诱，包含自防），每次调查时计数并记录诱捕到的棉铃虫成虫数量，食诱区区分雌雄。每次调查后清空诱捕器，方便下次调查。

对于螟黄赤眼蜂区，如发现田间有棉铃虫卵粒，将之计数后带回，观察田间寄生率。

第三代棉铃虫试验中，所有小区每次调查包含：①棉花生长发育情况，计数每株的叶片数、果枝数、现蕾数、开花数及成铃数；②害虫情况，记录每株棉花上发现的各龄期棉铃虫幼虫并分别计数；③生态效应，记录每株棉花上发现的益虫种类和数量；④兼治害虫情况，记录每株上中下三片叶片上蚜虫的数量。

理论测产时，于每个小区调查点所在位置选择 0.01 亩样方，记录棉花植株密度和成铃数量，估算每亩植株密度及收获铃数。

2.2.5　数据处理

2.2.5.1　原始数据的处理及统计方法

数据录入后经初步处理，所有小区数据取平均值，各处理/剂量之间以方差分析（ANOVA）比较均值，用图基法（Tukey）进行两两比较或用新复极差法（Dunnett）以硫丹对照组为参考进行多重比较，以*或不同小写字母标记处理组与对照硫丹的显著性差异。理论测产使用新陆早 61 号品种衣分（40%）及矫正系数（0.9）进行亩产量计算，公式为皮棉产量（kg）=（每亩收获铃数×5 g×40%×0.9）÷1 000。处理 7 日后的害虫减退率以（CK−X）/（X+CK）公式标准化得出，益虫的 7 日变化率以（X−CK）/（X+CK）公式标准化得出。数据进一步用于在各处理间比较，棉花生长发育的处理后 15 日/7 日的变化数据则直接以差值进行统计检验。

2.2.5.2　最佳替代方法综合筛选

经标准化比较后的各组数据，加入经济效益（包括亩支出、人力成本、收成等数据）、社会效益（方法简易度等数据）及生态效益（对照农药毒性类别、益虫保持率等）的相关数据，以各个替代方法处理做矢量计算，通过两两回归方法取得回归矩阵，分别以硫丹作比较，筛选出积极（防效、成本等）和消极（毒性、生态效益等）方面与硫丹最为接近（或远离）的替代方法，积极性方法筛选出后，进一步以最小邻接法进行聚类验证回归矩阵的可靠性。最后将两方面筛选所得权重加和，遴选出替代硫丹的最佳田间防治方法，此方法理论上兼具低毒、高效，并有最佳的社会效益及生态效益。

2.2.5.3　所用软件信息

统计及作图使用 Excel 2016（Microsoft Corporation，USA）及 Prism 5.01

（Graphpad Software Inc.，San Diego，CA，USA）软件；回归矩阵和聚类使用 Statgraphics Centurion 17.2.0（StatPoint Tech. Inc.，USA）软件；制图和排版使用 Adobe Illustrator CC（Microsoft Corporation，USA）软件。

2.3 结果

2.3.1 结果简报

2018 年棉花生长季中，针对第二代棉铃虫试验数据的采集和调查共计进行了 7 次（包含 2 次背景调查，用于确定药剂及处理时间），包含小区 33 个/次，调查棉花超过 3 000 株/次；针对第三代棉铃虫试验数据的采集和调查共计进行了 5 次（包含 1 次背景调查，用于确定药剂及处理时间），包含小区 21 个/次，共计调查棉花 315 株/次。

同时，项目组结合农业农村部全国病虫害绿色防控技术培训和农民田间学校，举办了多次硫丹淘汰项目相关培训，向全国范围内的植保工作者专家及广大农民群众充分宣传硫丹的危害和替代技术。2018 年 7 月 15 日，项目组组织农业农村部、新疆的专家考察试验现场。8 月 31 日—9 月 5 日，项目组在沙湾县大泉乡召开田间现场会，组织全国各地植保专家和技术人员及植棉大户，现场交流总结小区试验情况，宣传全球环境基金“中国硫丹淘汰项目”。9 月 19 日，项目组结合项目测产召开验收会，接受联合国开发计划署（UNDP）和生态环境部对外合作与交流中心的现场检查。2018 年，新疆项目办在沙湾县举办宣传培训班、现场会 100 场（次），其中，举办棉花病虫害绿色防控“田间课堂”28 场（次），植保机械使用维修与科学安全使用农药培训 6 场（次），各类棉花病虫害综合防治、硫丹淘汰项目“科技之冬”培训班 50 场（次），召开棉花病虫害绿色防控工作“现场会”16 场（次），累计培训农民 3 500 余人（次），使他们对使用硫丹产生的残留危害、淘汰硫丹的必要性都有了一个较全面的认识和了解，督促和指导他们在具体的农作物虫害防治过程中使用低毒、高效、低残留的农药产品，对硫丹产品进行替代。项目组还制作了硫丹替代项目宣传片 1 部。

2.3.2　棉花生长发育情况

2.3.2.1　背景调查

6 月 29 日的背景调查显示，棉花生长发育在各小区基本同步，但有个别小区的棉花生长发育较硫丹处理小区较快或延迟：性信息素、食诱剂、螟黄赤眼蜂和氟铃脲·茚虫威四个小区的果枝数平均值显著高于硫丹小区（图 2-3），性信息素和食诱剂两个小区的现蕾数平均值显著高于硫丹小区（图 2-4），性信息素小区的开花数平均值显著高于硫丹小区（图 2-5），印楝素（低）小区的成铃数平均值显著低于硫丹小区（图 2-6）。第二代棉铃虫试验期间，植株生长处于蕾花初期，棉田现蕾、开花数较少，未见成铃。

各小区棉株果枝数背景调查情况见图 2-3。

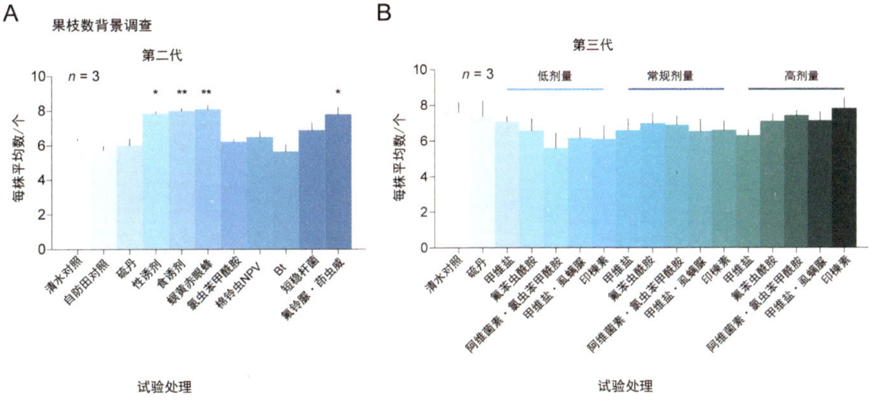

图 2-3　各小区棉株果枝数背景调查情况

注：调查日期为 2018 年 6 月 29 日，其中 A 为第二代试验各处理；B 为第三代试验各处理。*表示果枝数背景平均值较硫丹显著高，处理分别为性信息素、食诱剂、螟黄赤眼蜂和氟铃脲·茚虫威四个小区（ANOVA 及 Dunnett 多重比较，$F_{10,22} = 9.87$，

*：$P<0.05$，**：$P<0.01$）。第三代大田发育整齐，各处理背景值较硫丹小区未见显著差异。+SE 表示误差线。

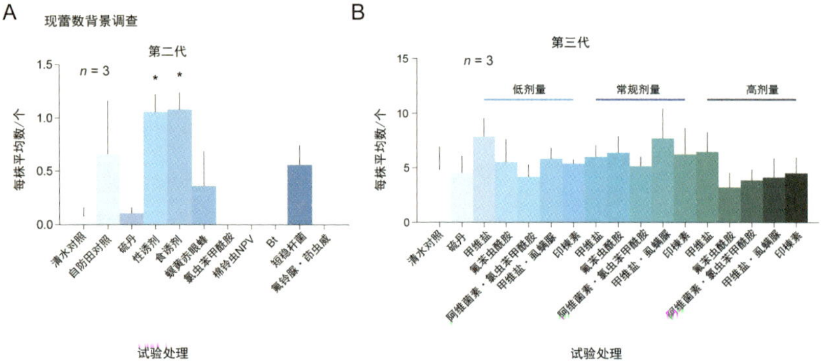

图 2-4　各小区棉株现蕾数背景调查

注：调查日期为 2018 年 6 月 29 日，其中 A 为第二代试验各处理；B 为第三代试验各处理。*表示现蕾数背景平均值较硫丹显著高，处理分别为性信息素和食诱剂两个小区（ANOVA 及 Dunnett 多重比较，$F_{10,22}=4.4$，*：$P<0.05$）。第三代大田发育整齐，各处理背景值较硫丹小区未见显著差异。+SE 表示误差线。

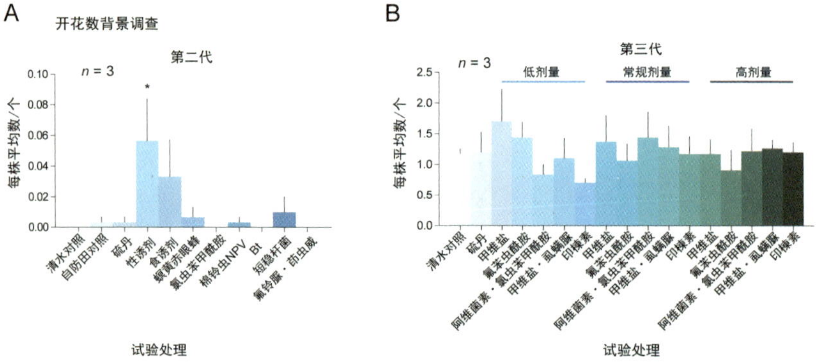

图 2-5　各小区棉株开花数背景调查

注：调查日期为 2018 年 6 月 29 日，其中 A 为第二代试验各处理；B 为第三代试验各处理。*表示性信息素小区开花数背景平均值较硫丹显著高（ANOVA 及 Dunnett 多重比较，$F_{10,22}=2.4$，*：$P<0.05$）。第三代大田发育整齐，各处理背景值较硫丹小区未见显著差异。+SE 表示误差线。

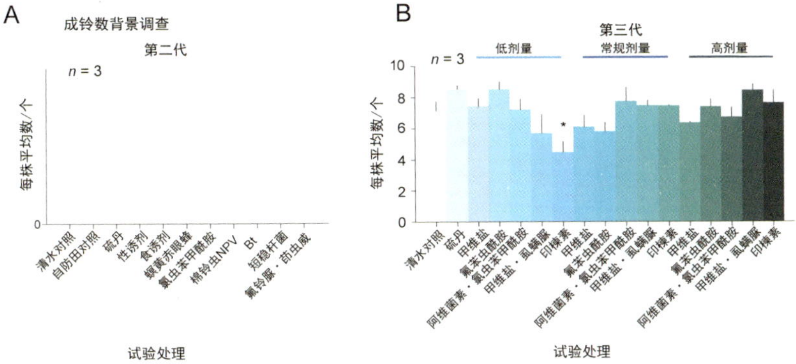

图 2-6　各小区棉株成铃数背景调查

注：调查日期为 2018 年 6 月 29 日，第二代试验期间，棉花尚未进入铃期，A 图数据为 0；B 为第三代试验各处理值。*表示印楝素（低）小区成铃数背景平均值较硫丹显著低（ANOVA 及 Dunnett 多重比较，$F_{16,34} = 3.2$，*：$P<0.05$）。+SE 表示误差线。

2.3.2.2　试验处理对棉花生育的影响比较

处理 7 日后调查显示，各组小区处理方法对棉花生育的影响较小，除 Bt 小区在果枝数的增加上较硫丹小区显著高外，现蕾和开花数在各小区的变化相较硫丹均未有显著提高或降低。第二代试验期间小区的现蕾和开花数正向增加且较第三代试验田要快，而第三代试验田中成铃数的增加较快，其中氟苯虫酰胺（中）的成铃数增加较硫丹小区显著高（图 2-7）。

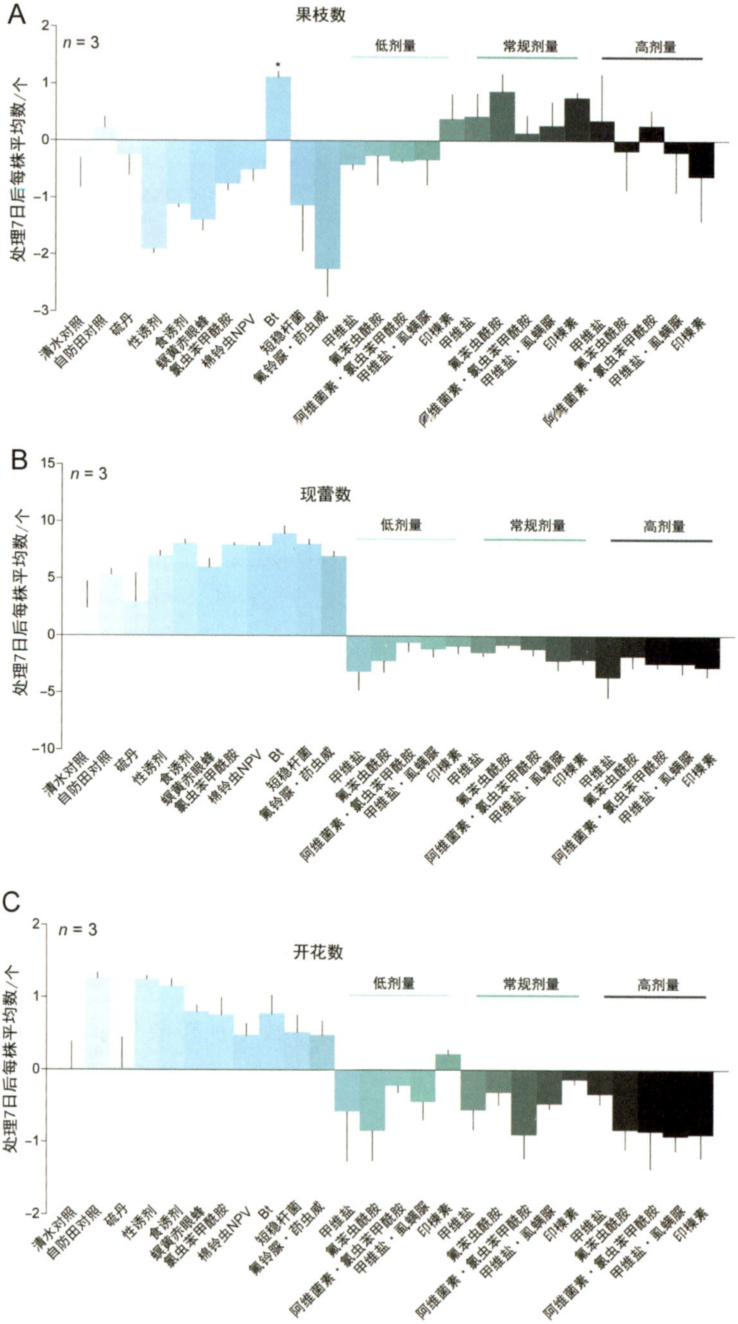
A
果枝数
n = 3
低剂量
常规剂量
高剂量
处理7日后每株平均数/个
2
1
0
-1
-2
-3
*
清水对照
自防田对照
硫丹
性诱剂
食诱剂
螟黄赤眼蜂
氯虫苯甲酰胺
棉铃虫NPV
Bt
短稳杆菌
氟铃脲·茚虫威
甲维盐
氟苯虫酰胺
阿维菌素·氯虫苯甲酰胺
甲维盐·虱螨脲
印楝素
甲维盐
氟苯虫酰胺
阿维菌素·氯虫苯甲酰胺
甲维盐·虱螨脲
印楝素
甲维盐
氟苯虫酰胺
阿维菌素·氯虫苯甲酰胺
甲维盐·虱螨脲
印楝素
B
现蕾数
n = 3
低剂量
常规剂量
高剂量
处理7日后每株平均数/个
15
10
5
0
-5
-10
清水对照
自防田对照
硫丹
性诱剂
食诱剂
螟黄赤眼蜂
氯虫苯甲酰胺
棉铃虫NPV
Bt
短稳杆菌
氟铃脲·茚虫威
甲维盐
氟苯虫酰胺
阿维菌素·氯虫苯甲酰胺
甲维盐·虱螨脲
印楝素
甲维盐
氟苯虫酰胺
阿维菌素·氯虫苯甲酰胺
甲维盐·虱螨脲
印楝素
甲维盐
氟苯虫酰胺
阿维菌素·氯虫苯甲酰胺
甲维盐·虱螨脲
印楝素
C
开花数
n = 3
低剂量
常规剂量
高剂量
处理7日后每株平均数/个
2
1
0
-1
-2
清水对照
自防田对照
硫丹
性诱剂
食诱剂
螟黄赤眼蜂
氯虫苯甲酰胺
棉铃虫NPV
Bt
短稳杆菌
氟铃脲·茚虫威
甲维盐
氟苯虫酰胺
阿维菌素·氯虫苯甲酰胺
甲维盐·虱螨脲
印楝素
甲维盐
氟苯虫酰胺
阿维菌素·氯虫苯甲酰胺
甲维盐·虱螨脲
印楝素
甲维盐
氟苯虫酰胺
阿维菌素·氯虫苯甲酰胺
甲维盐·虱螨脲
印楝素

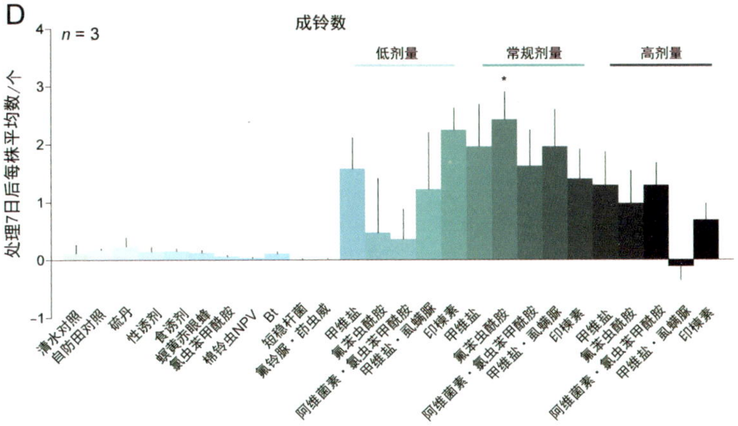

图 2-7　各小区处理 7 日后对棉株生育情况的影响比较

注：其中 A 为果枝数变化，*表示 Bt 小区在果枝数的增加较硫丹小区显著高（ANOVA 及 Dunnett 多重比较，$F_{25,58}=2.9$，*：$P<0.05$）；B 为现蕾数变化，各小区未见显著增加（$F_{10,28}=1.6$，$P=0.14$）；C 为开花数变化，各小区未见显著增加（$F_{10,28}=2.0$，$P=0.07$）；D 为成铃数变化，*表示氟苯虫酰胺（中）的成铃数增加较硫丹小区显著高（$F_{15,35}=2.0$，$P=0.047$）。+SE 表示误差线。

2.3.3　害虫防治效果

2.3.3.1　虫情监测

根据性信息素诱捕情况，试验期间棉铃虫虫口量较低，除处理后第一天 7 月 1 日具有显著诱蛾数外，其余 3 次调查均未达化防指标（图 2-8）。7 月 4 日调查中，自防田诱蛾数量显著高于信息素小区。

2.3.3.2　主要害虫棉铃虫减退率比较

我们综合分析了沙湾县往年的药剂登记试验及大量田间工作结果，最终得到各化学替代方法测算出了棉铃虫的减退率预测值并进行了比较。根据防效预测发现，各化学替代方法在棉铃虫的防治方面均与硫丹防效相当，氟铃脲·茚虫威及阿维菌素·氯虫苯甲酰胺的防效显著高于硫丹（图2-9）。其余各处理与硫丹相比并无显著差异。

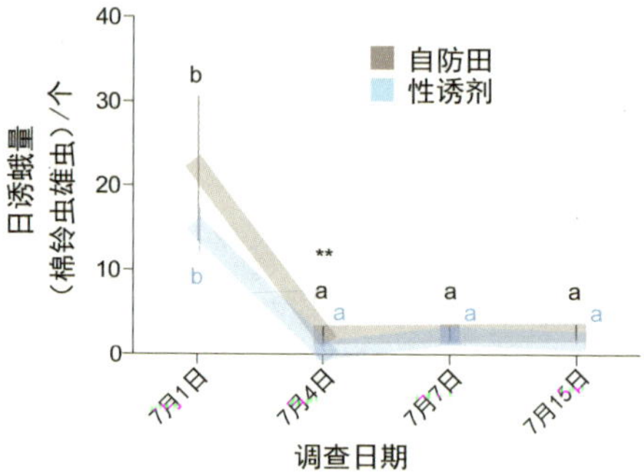

图 2-8　第二代试验期间性信息素诱蛾情况

注：蓝色为性信息素小区，灰色为自防田对照。小写字母表示各次计数间具有显著性差异（GLM 和 Tukey HSD 多重比较，性信息素：$F_{3,56}=25.02$，$P<0.000\ 1$；自防田：$F_{3,16}=5.02$，$P=0.012\ 2$）。**表示两个小区间具有显著差异（GLM，$F_{18}=2.94$，$P=0.008\ 8$），+SE 表示误差线。

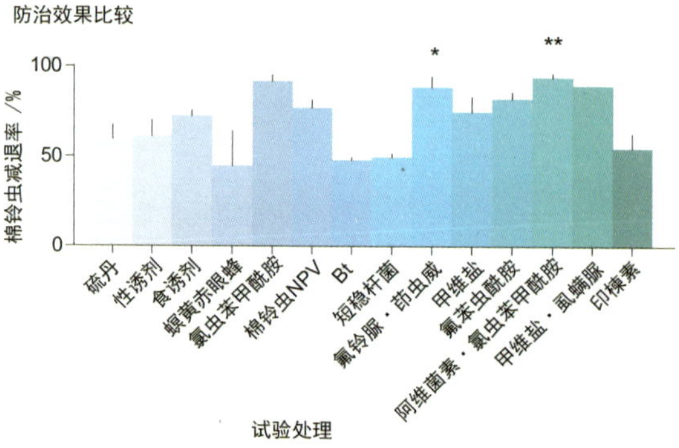

图 2-9　各化学替代方法对棉铃虫的预测减退率比较

注：*表示氟铃脲·茚虫威及阿维菌素·氯虫苯甲酰胺替代方法较硫丹有明显更好的防效（GLM 及 Dunnett 多重比较，$F_{13,43}=5.33$，*：$P<0.05$，**：$P<0.01$），+SE 表示误差线。

2.3.3.3　兼治害虫蚜虫减退率比较

因棉铃虫密度过低，我们于第三代试验中增设兼治害虫蚜虫的密度调查。处理 7 日后，各组蚜虫减退率中，甲维盐（中）及甲维盐 • 虱螨脲（中）对蚜虫的减退率显著低于硫丹（图 2-10）。结果同时显示，低剂量农药对蚜虫的防效普遍好于高剂量。

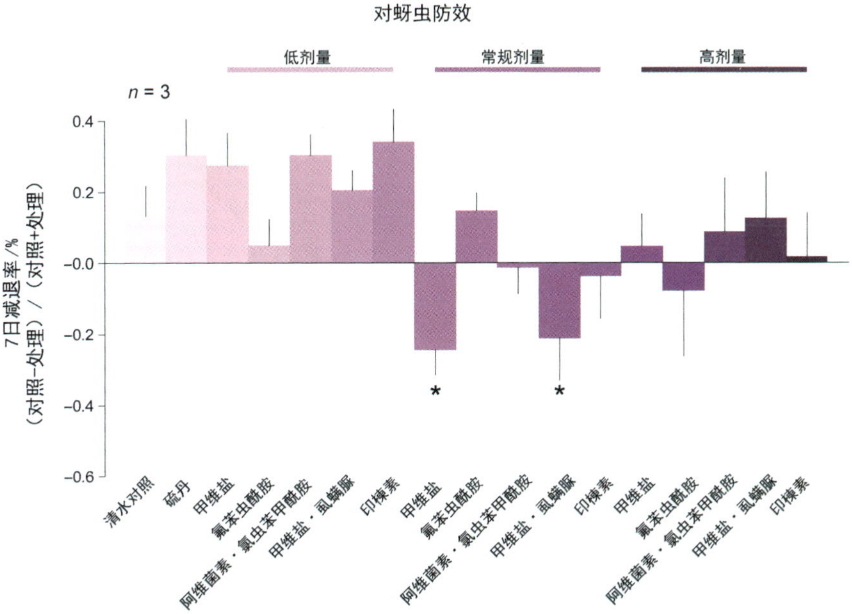

图 2-10　第三代试验中各替代方法对蚜虫减退率的比较

注：*表示甲维盐（中）及甲维盐 • 虱螨脲（中）对蚜虫的减退率显著低于硫丹（ANOVA 及 Dunnett 多重比较，$F_{16,34}=2.45$，*：$P<0.05$），+SE 表示误差线。

2.3.4　生态效益

2.3.4.1　大田益虫种类及比例

棉田中益虫种类主要包括草蛉、瓢虫、蜘蛛、猎蝽、寄生蜂、食蚜蝇等，总体来说草蛉为天敌优势种，最多占到益虫总数的 81%（图 2-11）。第二代试验中，处理前瓢虫为第二优势种，占比 13%，试验 15 日后，寄生蜂成为第一优势种，占益虫总数的 55%，草蛉位居第二，占比 40%。第三代试验中，处理前草蛉占比 50%，瓢虫占 48%，为两大优势种；处理后 15 日草蛉占比增加到 81%，瓢虫占比下降到 18%。总体观察可见，瓢虫数量较易受药剂施放的影响，而随着蚜虫数量的增加，寄生蜂的数量会有显著增加。

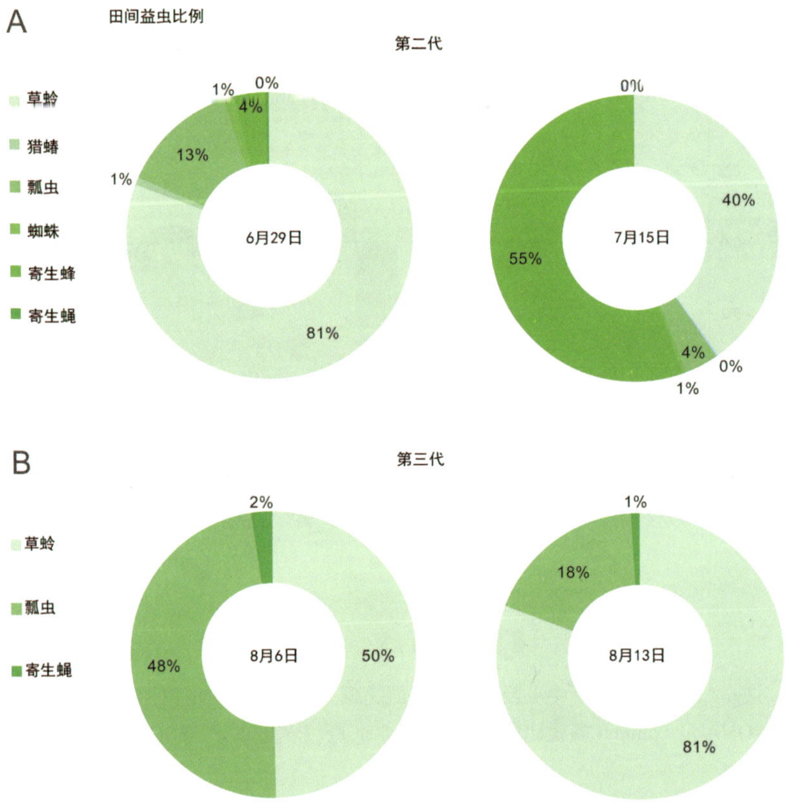

图 2-11　大田益虫种类及比例分布

注：A 为第二代试验数据，调查中发现益虫包括草蛉、猎蝽、瓢虫、蜘蛛、寄生蜂及食蚜蝇，处理前草蛉和瓢虫最多，处理后 15 日寄生蜂最多，其次是草蛉。B 为第三代试验数据，处理前草蛉和瓢虫为优势益虫，处理后 15 日草蛉占比增加，瓢虫显著减少。

2.3.4.2　替代方法处理对益虫数量的影响

硫丹处理的田块在 7 日后田间益虫数量出现了降低，清水对照小区则有明显升高。各处理组与硫丹相比，没有观察到统计显著性，观察到的数据显示，棉铃虫 NPV、氟铃脲 · 茚虫威和自防田处理对天敌数量的影响较大。而第三代试验期间的施药均未对益虫数量造成影响，这一结果可能是由于田间施药引发次生性蚜虫大量增加，从而导致寄生蜂数量增加（图 2-12）。

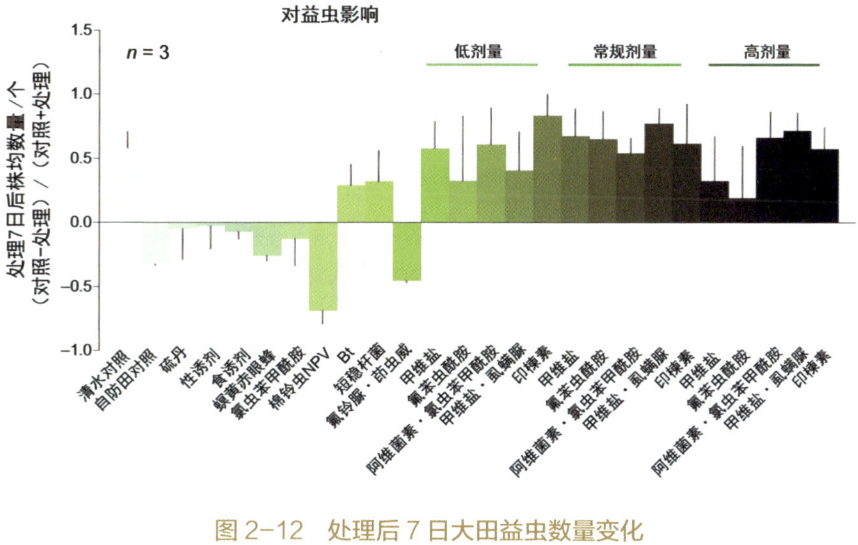

图 2-12　处理后 7 日大田益虫数量变化

注：各组较硫丹小区未见显著差异（ANOVA，$F_{17,39} = 0.91$，$P = 0.56$），+SE 表示误差线。

2.3.5　经济效益

2.3.5.1　各替代方法成本比较

根据调查，我们获得了各个硫丹替代方法在棉田使用的亩成本，其中与硫丹具有可比性的方法包括甲维盐、Bt 和棉铃虫 NPV，而甲维盐的估算成本在硫丹之下，棉铃虫 NPV 与硫丹相当，Bt 略高于硫丹，其余方法均明显高于硫丹（图 2-13）。

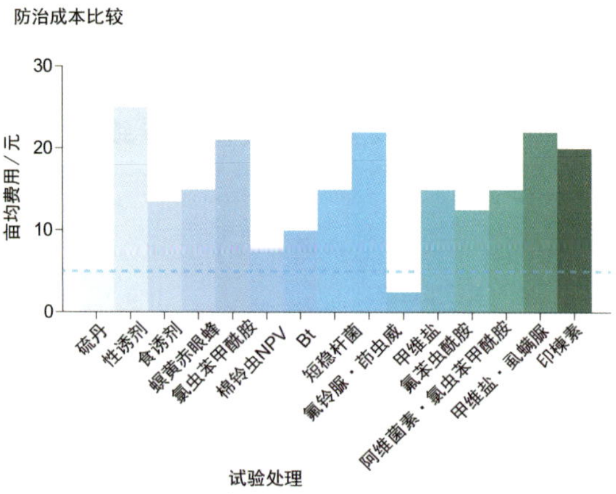

图 2-13　各处理方法估算成本比较

注：Y 轴表示每亩估算花费，单位为 CNY。虚线表示以硫丹的成本作为参考线。

试验处理

2.3.5.2　各替代方法农户收益估计

经过理论测产，各处理间具有显著差异，性信息素、食诱和阿维·氯苯（低）小区产量显著低于硫丹，而氟苯虫酰胺（低）及阿维·氯苯（高）两小区理论产量显著高于硫丹（图 2-14）。从剂量效应来看，除氟苯虫酰胺以外，其他药剂处理剂量均与棉花亩产具有正相关性。皮棉平均收购价格为 5.9 元/kg，氟苯虫酰胺（低）及阿维·氯苯（高）平均每亩预测收入分别较硫丹高 161.07 元及 157.53 元。

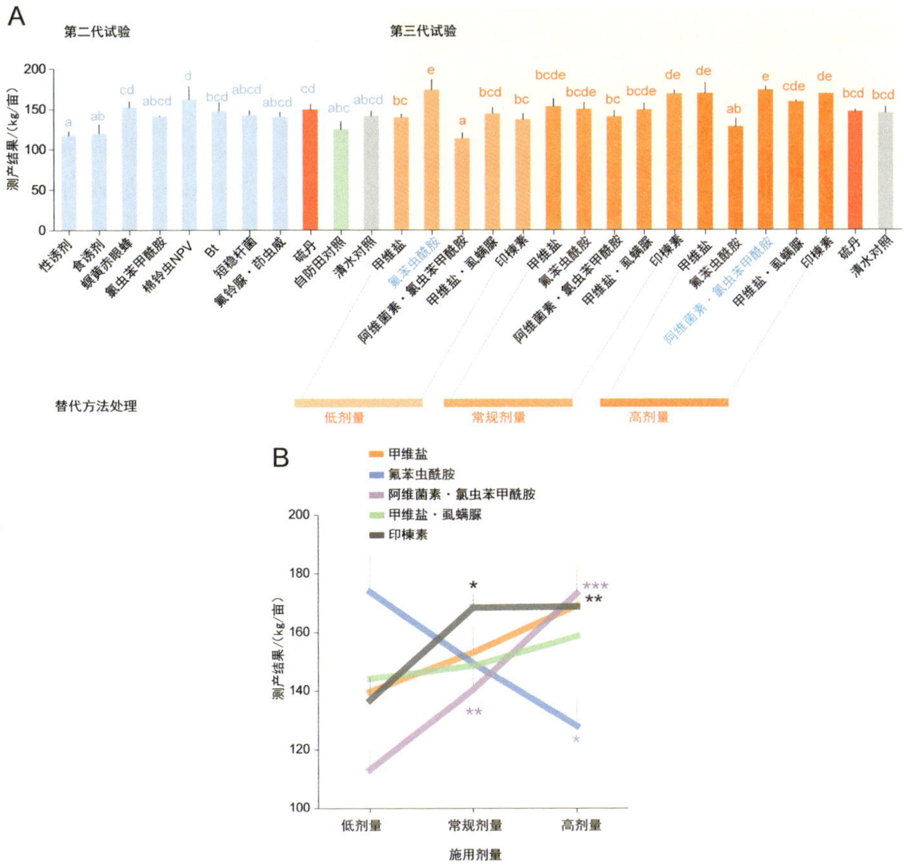

图 2-14　9 月 20 日理论测产结果

注：A 为测产结果在各小区处理间的比较，各组间具有显著差异（GLM 及 Tukey 多重比较，第二代：$F_{10,22}=2.7$，$P=0.002\ 4$；第三代：$F_{16,34}=4.9$，$P<0.000\ 1$）。B 为第三代中药剂剂量对产量的影响比较，*表示对应处理药剂在不同剂量之间具有显著差异（*：$P<0.05$，**：$P<0.01$，***：$P<0.001$）。所有误差线表示为+SE。

2.4　讨论

2.4.1　硫丹替代技术遴选

根据各替代技术的积极和消极方面，我们分别进行了主成分分析

（PCA）、回归及聚类分析，最终发现在防效、经济效益及操作简便等方面与硫丹最具可比性的分别是棉铃虫 NPV、短稳杆菌、性信息素、Bt 和氯虫苯甲酰胺（图 2-15A），聚类方法显示相似的结果，与硫丹在防治效果上最为接近的是棉铃虫 NPV、Bt 和氯虫苯甲酰胺（图 2-15B）。与硫丹的缺点（高毒及环境因素）回归分析发现，与硫丹最为不同的几个替代手段分别为性信息素、Bt、氯虫苯甲酰胺和棉铃虫 NPV（图 2-15C），通过回归矩阵加权值的加和得出硫丹得分为 15 分；而超过 20 分的替代方法有 4 个，分别是性信息素诱捕、氯虫苯甲酰胺、棉铃虫 NPV 和 Bt（图 2-15D）。经筛选发现，试验过程中整体表现最差的为螟黄赤眼蜂，其加权得分仅有 10 分，因此可以认为赤眼蜂这一生物防治产品并不适合在新疆棉田进行推广。另外，与硫丹加权值相当的产品有 3 个，分别为短稳杆菌、氟苯虫酰胺和甲维盐·虱螨脲。

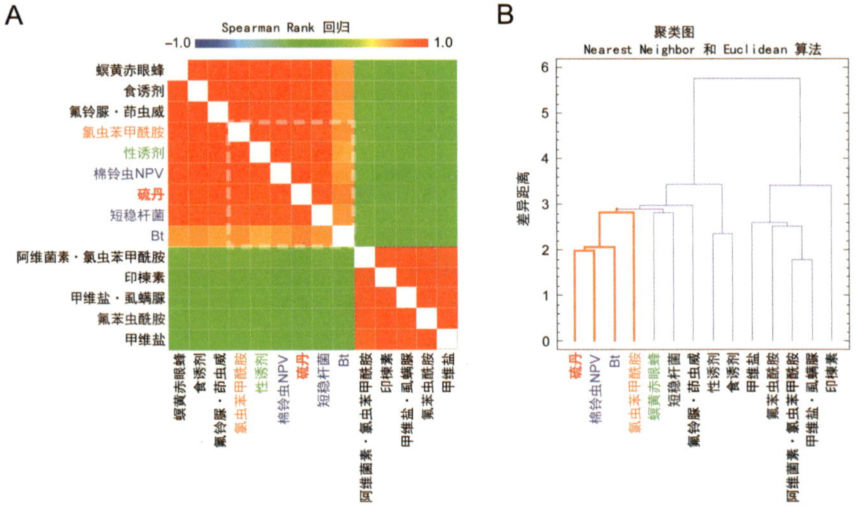

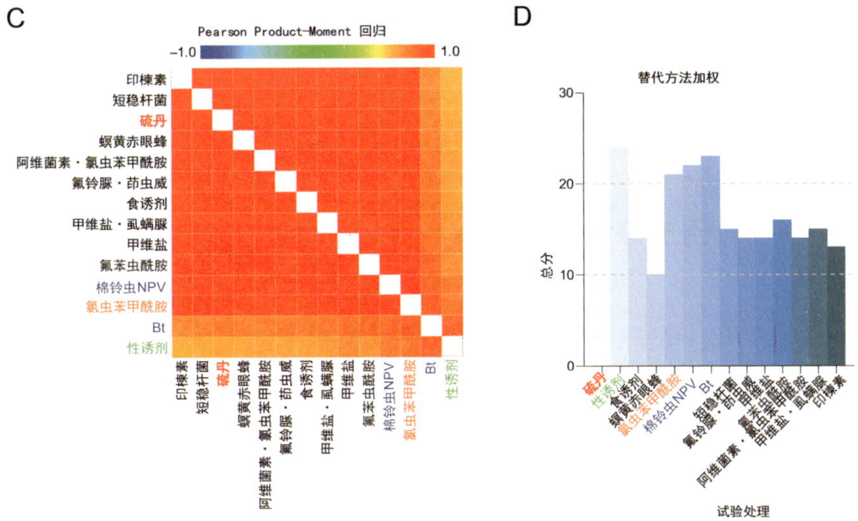

图 2-15　硫丹替代技术遴选

A 图为以防效、成本、产量及操作简便等为参数计算的回归矩阵，发现在优势方面与硫丹最为接近的为棉铃虫 NPV、短稳杆菌、性信息素、Bt 和氯虫苯甲酰胺。B 图是用相同参数以邻接法进行聚类的结果，显示与硫丹优势最为接近的方法有棉铃虫 NPV、Bt 和氯虫苯甲酰胺。C 图是显示以毒性和生态效应等因素计算的回归矩阵，发现与硫丹的劣势最为不同的替代方法为性信息素、Bt、氯虫苯甲酰胺和棉铃虫 NPV。D 图是显示各替代方法的最终加权值比较，其中硫丹为 15 分，超过 20 分的方法为通过此法遴选出的最佳替代方法，分别为性信息素诱捕、氯虫苯甲酰胺、棉铃虫 NPV 和 Bt。所有字体颜色：红色为硫丹，橙色为化学替代，蓝色为生物农药替代，绿色为绿色防控替代。

2.4.2　试验结果与其他技术的结合前景

通过试验，一方面，我们筛选出了 4 种最佳替代方法——性信息素诱捕、氯虫苯甲酰胺、棉铃虫 NPV 和 Bt；3 种与硫丹相当的优良方法——短稳杆菌、氟苯虫酰胺和甲维盐・虱螨脲。这 7 种方法中包含 1 种绿色防控方法、3 种生物农药防控方法及 3 种化学药剂防控方法，化学药剂中有 1 种是复配剂，其中包含的甲维盐本身也具有与硫丹相当的综合表现。另一方面，我们筛选的方法主要是用于害虫监测和防治，在棉花的生产工作中，需要结合各阶段的方法使用（如种衣剂、打顶剂、脱叶剂等），同时兼顾病害防治方法和农药减量增效等手段（如助剂等）。因此，本次试验筛选出的这 7 种方法将配合其他手段，用于棉花生产的最终技术方案，进行大面积推广。

2.4.3 棉花害虫综合防治技术模式集成

2.4.3.1 棉田综合管理方案

根据本项目试验结果，我们筛选出了 4～7 种硫丹的替代方案，其中包含监测和防治方法，通过整合这些替代方法，优化和选择出目前已有的综合防治方法，得到棉花生产全程绿色防控技术模式（表 2-2）。

2.4.3.2 绿色防控技术模式的推广应用

我们根据棉花生产全程绿色防控技术模式设计了农时月历，用于在新疆乃至全国复制性推广棉田综合管理方法，具体项目执行时间需要根据虫情监测及当年气候进行调整（表 2-3）。

表 2-2　棉花生产全程绿色防控技术模式决策表

	预防措施	监控措施		施用农药注意事项	用法用量
 棉铃虫成虫  棉铃虫蛹）  棉铃虫幼虫	● 选用优质高产抗病虫害的品种，播种前药剂拌种 ● 棉田秋耕冬灌，杀死越冬虫蛹 ● 合理控制水肥 ● 田边适当保留天敌寄主植物如蓖麻，或人工种植苜蓿带以吸引天敌 ● 棉花小麦邻作，保持天敌数量 ● 使用庇护所策略间套作鹰嘴豆、马铃薯或玉米，以预防棉铃虫对 Bt 产生抗性	● 结合气象数据以诱虫灯和性信息素进行虫情监控，明确化防指标，避免害虫暴发 ● 持续对棉铃虫种群进行抗药性监测，及早改善其抗药性治理方法	● 使用性信息素诱芯集中诱杀雄性成虫，或干扰交配 ● 需要施用农药时，参照右侧进行，同时可以配合全国农技中心推荐助剂，起到减量增效作用	● 新疆大面积棉田使用机械喷药，使用前需仔细阅读产品标签上的说明并按说明进行操作	
				● 尽量交替使用不同类型的药品，以避免多次施药引发棉铃虫抗性	
				● 按照最新登记情况选择农药产品	
				● 生物农药类应在产卵高峰或前期施用；化学农药类应在低龄幼虫或孵化高峰期施用；虫口密度未达化防指标时不使用化学农药	
				● 氯虫苯甲酰胺为主成分的产品（或其他不含隐性成分的复配剂型）	● 如氯虫苯甲酰胺 200 g/L 悬浮剂，用量 10 mL/亩
				● 棉铃虫 NPV（尽量选择单剂）	● 如 600 亿 PIB/g 水分散粒剂，用量 2 g/亩
				● Bt（尽量选择单剂）	● 如 3.2 万 IU/mg 可湿性粉剂，用量 50 g/亩
				● 短稳杆菌（尽量选择单剂）	● 如 100 亿孢子/mL 悬浮剂，用量 50 mL/亩
				● 氟苯虫酰胺单剂或不含隐性成分的复配产品	● 如 10% 水分散粒剂，用量 10～15 g/亩
				● 甲维盐・虱螨脲复配产品或以甲维盐为主的产品	● 如普克猛 45% 水分散颗粒剂，用量 15～20 g/亩

活动	春季	4月			5月			6月			7月			8月			9月			10月			冬季
		初	中	末	初	中	末	初	中	末	初	中	末	初	中	末	初	中	末	初	中	末	
气象观测，调整农时																							
监测越冬代成虫（灯/性诱）																							
播种																							
实施庇护所策略																							
集中灭杀越冬代产卵																							
棉花打顶																							
监测一代成虫																							
达化防指标时使用生物农药（NPV/Bt/短稳3选1）								监测卵/幼虫并确定是否使用化学农药															
根据上一步监测结果使用化学农药（氯苯/甲维盐/氟酰胺3选1，可搭配助剂）																							
监测二代成虫																							
达化防指标时使用生物农药（NPV/Bt/短稳优先选与上次不同的方法）													同时监测幼虫孵化情况										
若虫口暴发，则使用化学农药（3选1，优先使用未用产品，可搭助剂）																							
监测蚜虫和天敌数量																							
保持天敌庇护所植被，或加栽田间庇护所植株（蓖麻等）																							
棉花脱叶（可搭助剂）																							
棉花收获																							
秋翻																							
冬灌																							

参考文献

[1] Wu K M，Guo y y.The evolution of cotton pest management practices in China[J]. Annu Rev Entomol，2005，50：31-52.

[2] 顾云潮. 3%甲维盐 • 虱螨脲[J]. 湖南农业，2014，4：18.

[3] 徐东，屈云涛，刘永. 6%氯虫苯甲酰胺阿维菌素防治棉花棉铃虫药效试验[J]. 吉林蔬菜，2012，9：48.

[4] 蔚爱霞. 12%亮戈防治棉铃虫药效试验[J]. 现代农业，2017，2：42.

[5] 杨益众，余月书，任璐，等.转基因棉花对棉铃虫天敌寄生率的影响[J]. 昆虫知识，2001，38（6）：435.

[6] 许建军，郭文超，姚举，等. 新疆棉区利用赤眼蜂防治棉铃虫田间释放技术研究与应用[J]. 新疆农业科学，2004，41（5）：378.

[7] 宋娜，李承护，温威，等. 3.8%甲维 • 虱螨脲乳油防治水稻稻纵卷叶螟田间药效试验[J]. 广西植保，2013，26（1）：14-15.

[8] 曹玉霞，尹晓丽，王连芬，等. 甘蓝夜蛾核型多角体病毒杀虫剂（康邦）防治棉铃虫药效试验[J]. 天津农林科技，2015，2：5.

[9] 杨梅.科桐生物食诱剂诱杀棉铃虫成虫试验[J]. 农村科技，2018，6：41.

[10] 张丹丹，杨现明，陆宴辉，等. 六种杀虫剂对棉铃虫的毒力效果比较[J]. 应用昆虫学报，2018，55（1）：61-66.

[11] 张建云. 绿晶 0.3%印楝素乳油防治棉田棉铃虫试验[J]. 农村科技，2016，2：37.

[12] 张玉娟，任爱民，朝秋成，等. 氯虫苯甲酰胺对棉花棉铃虫的田间药效[J]. 河北农业科学，2014，18（6）：65-66.

[13] 李霞，李涛，吕昭智，等.棉铃虫二种性诱芯田间诱蛾效果比较[J]. 昆虫知识，2010，47（2）：396-398.

[14] 修春丽，粟爱丽，路伟，等. 棉铃虫食诱剂的田间诱捕效果[J]. 应用昆虫学报，2018，55（1）：44-48.

[15] 朱明慧，李鹏发，许建军.人工繁殖赤眼蜂防治棉田二代棉铃虫应用技术[J]. 新疆农业科技，2009，5：62.

[16] 刘万学，万方浩，郭建英，等. 人工释放赤眼蜂对棉铃虫的防治作用及相关生态效应[J]. 昆虫学报，2003，46（3）：311-317.

[17] 廖红霜. 沙湾县棉花生产全程机械化技术发展现状[J]. 农村牧区机械化，2013，108（5）：27-28.

[18] 巴哈古丽，艾合买提，吾甫尔. 新疆吐鲁番地区赤眼蜂防治棉铃虫试验初探[J]. 中国棉花，2008，8：18.

[19] 邢家华，袁静，郁季平，等.新型杀虫剂氯氟氰虫酰胺对棉铃虫的毒力和田间防效[J]. 农药，2015，54（11）：842-843.

[20] 刘刚. 新型杀虫剂氯氟氰虫酰胺对棉铃虫防效好[J].农药市场信息，2016，2：63.

[21] 孔德生，孙明海，赵艳丽，等.性诱剂和生物食诱剂对花生田棉铃虫的防控效果及效益分析[J]. 山东农业科学，2016，48（4）：102-105.

[22] 潘洪生，姜玉英，王佩玲，等. 新疆棉花害虫发生演替与综合防治研究进展[J]. 植物保护，2018，44（5）：42-50.

第3章
棉铃虫预测模型的开发与推广应用

3.1　模型开发背景

棉铃虫是滞育越冬的世界性害虫，除南极洲外，广泛分布于世界各地，中国棉区和蔬菜种植区均有发生，危害 200 余种植物。在我国，一代棉铃虫主要危害小麦，二代棉铃虫、三代棉铃虫主要危害棉花、玉米、向日葵、西红柿等作物。因各地气候条件不同，棉铃虫一年可发生 3～6 代，具有高产卵性、杂食性、迁飞性、高度适应性等特点，这使其能在各地长期存在。棉铃虫一生包括四个生长阶段：卵、幼虫、蛹、成虫。成虫产完卵 2～3 天后即死亡，卵自行孵化为幼虫，幼虫入土化蛹，蛹羽化变成成虫，从而完成一个生活史。根据各地环境和棉铃虫的生长特性，吴孔明和郭予元将我国棉铃虫划分为热带型、亚热带型、温带型和新疆型，各型棉铃虫对当地气候有着高度适应性。同时甘肃、内蒙古、陕西、四川西部、云南西北部等地区的棉铃虫也属于新疆型。新疆型棉铃虫由于其过冷却点低于内地，抗寒能力强，因而有着不同于内地的生存范围。

棉铃虫是棉花蕾铃期重要的钻蛀性害虫，主要蛀食蕾、花、铃，也取食嫩叶，每年都会给棉田造成损失，暴发年份更不损失巨大。2004—2014 年，新疆棉花的病虫害年发生面积都在 110 万 hm^2 以上，年产量损失在 8 万 t 以上，年平均发生面积为 151.6 万 hm^2，年平均产量损失为 21.6 万 t，此期间，2014 年发生面积达 194.5 万 hm^2，产量损失达 43.6 万 t，发生面积和产量损失均达历史最高。随着新疆棉花种植面积的增长，病虫害发生面积明显扩大，且造成的产量损失比率成倍增长。

新疆是我国主要的棉花产地，国家统计局网站数据显示，截至 2020 年，新疆连续 26 年位居全国棉花产量首位，2020 年占全国产量的 87.3%。棉花产业是新疆的支柱产业，是关系到当地发展和稳定的一大产业，因此研究防治新疆棉铃虫有着重要的意义。

---

* 本章由黄健、王昊杨、张扬和杨森完成。

“三山夹两盆”的地理特性将新疆分为南北气候和地表皆具差异的两个区域。南、北疆虽都属大陆性干旱气候，但降水量却有很大差异，南疆地区年降水量只有 40 mm 左右，北疆地区年均降水量可达 255 mm。冬季南疆几乎无降雪，北疆则降雪丰厚，平均厚度达 10～20 cm。新疆绿洲农业生态系统比较脆弱、稳定性差，与我国其他棉区的气候条件差别较大，病虫害容易暴发成灾。随着棉花种植面积的不断扩大，以及大面积连作、覆膜、滴灌、果棉套作等栽培新模式的实施，替代农药的使用，新疆棉花病虫害发生了相应变化，分析其变化规律及影响关键因子，提出应对治理措施和技术，对保障新疆棉花健康发展具有重要意义。研究复杂条件下新疆型棉铃虫种群变化规律既有助于新疆发展，也有助于为甘肃、内蒙古、陕西、四川西部、云南西北部等地区防治害虫提供决策依据，提高当地经济收入。

开展棉铃虫预测模型开发与推广应用是在全面禁止使用硫丹、用替代药品防治棉铃虫的背景下，为预测棉铃虫的变化状况建立相应的预测模型，以精准、科学防控棉铃虫，确保硫丹淘汰后防治效果不变差。

预测模型采用沙湾县的数据。

3.2 棉铃虫预测预报模型及历史大数据分析

3.2.1 材料方法

3.2.1.1 数据来源

项目组采用沙湾县植保站观测到的棉铃虫数据进行分析。其中成虫数据来自 1996—2018 年的监测记录，卵和幼虫数据因为业务政策的变化，采用 2000—2018 年的监测记录；气象数据为 1996—2018 年的，包括温度、降水、相对湿度、土壤温度、积雪深度、云量等；棉花数据为 1996—2018

年的，包括各发育期和产量。

越冬代、一代、二代的成虫来源于测报灯，一代卵和幼虫调查于小麦，二代卵和幼虫调查于棉花，卵和幼虫调查于棉花和玉米。

相关术语解释

棉花出苗普遍期：按《农业气象观测规范》要求，当棉花出苗率达 50%即为棉花出苗普遍期。

首现日：指各代棉铃虫卵、幼虫、成虫首次出现的日期。

结束日：指各代棉铃虫卵、幼虫、成虫最后出现的日期。

高峰期：指各代棉铃虫卵、幼虫、成虫数量达到最多时的日期。

历期：指各代棉铃虫卵、幼虫、成虫所经历的天数，通常为从首现日到结束日的天数。

均联日：是将年按天数连续编号，通常分成 365 份，便于统计。如将 1 月 1 日、1 月 2 日、1 月 3 日……12 月 31 日分别计作 1、2、3……365。

3.2.1.2　分析方法

用一元线性回归、逐步回归、偏最小二乘法（PLS）、灰色分析、人工神经网络、突变分析（MK 突变检验）等方法分析以上数据，最终建立模型。分析软件有 SPSS、SigmaPlot、Excel 等。

（1）突变分析

突变分析是指一组数据由一种统计状态突变到另一种统计状态的方法，是非参数检验，又称任意分布检验，它不对变量的分布作严格假定，检验不针对特定的参数，而是模糊地对变量分布的中心位置或分布状态做检验。由于其不对总体分布作严格假定，即使有少数异常值，检验结果也不会受到干扰。水文、气象等大多是非正态分布的数据，适合采用

Mann-Kendall 检验法（MK 法）对其变化趋势进行分析，因而适用性强，在本书中用于分析数量和物候的突变。以下是 MK 突变分析的过程。

对于具有 n 个样本量的时间序列 X，构造一秩序列：

$$s_k = \sum_{i=1}^{k} r_i, r_i = \begin{cases} 1, x_i > x_j \\ 0, else \end{cases} \quad j = 1，2，\cdots，i$$

可见，秩序列 S_k 是第 i 时刻数值大于 j 时刻数值个数的累计数。在时间序列随机独立的假定下，定义统计量：

$$UF_k = \frac{s_k - E(s_k)}{\sqrt{Var(s_k)}}, k = 1, 2, \cdots, n$$

其中，$UF_k = 0$，E（S_k）、Var（S_k）是累计数 S_k 的均值和方差，在 X_1，X_2，…，X_n 相互独立，且有相同连续分布时，它们可由下式算出：

$$E(s_k) = \frac{n(n+1)}{4}, \ Var(s_k) = \frac{n(n-1)(2n+5)}{72}$$

UF_k 为标准正态分布，它是按时间序列 X 顺序 X_1，X_2，…，X_n 计算出的统计量序列，给定显著性水平 α，查正态分布表，若 $|UF_k| > U_a$，则表明序列存在明显的趋势变化。

按时间序列 X 逆序 X_n，X_{n-1}，…，X_1，再重复上述过程，同时使 $UB_k = -UF_k$，$k = n$，n-1，…，1。$UB_1 = 0$。

这一方法的优点在于不仅计算简便，而且可以明确突变开始的时间，并指出突变区域。因此，是一种常用的突变检测方法。

（2）R 功能分析

按 Berry-man et al.（2001）提供的计算种群变化率的方法：

$$R_t = \mathrm{Ln}（N_t / N_{t-1}）$$

其中，N_t 和 N_{t-1} 分别表示在 t 和 t−1 年所捕获的种群数量。在本节中用于计算卵、幼虫、成虫的种群变化率。

（3）物候分析

在计算变化趋势时，采用最小二乘法，计算样本时间 t 的线性回归系数 a，要素的变化可用一次线性方程表示：

$$Y = at + b \quad (t = 1, 2, \cdots, n)$$

其中，以线性回归系数 a 作为物候变化率。

（4）丰富度分析

按实际监测数据进行常规统计分析。

3.2.1.3　数据处理原则

（1）简约原则

这是牛顿创设的一条“极简主义”的节约规则，核心是要始终体现大自然所遵循的简约性、精准性、合理性与有效性。为此，我们遵循简约原则，选择有用数据，淘汰无用数据；识别有代表性的本质数据，去除细枝末节或无意义的非本质数据。我们要能够识辊数据之间的巨大差距或差异；要能够鉴别和挑出那些“以一当十”的数据和信息。实施简约原则的最有效途径，就是对“数据规约”的运用。所谓数据规约，就是简化现有的数据集，使得一种小规模的数据就能够产生同样的分析效果。常用的数据规约策略有数据立方体聚集、维规约、数据压缩、数值压缩、离散化和概念分层等，而常用的数据规约方法则主要包含粗糙集、遗传算法、主成分分析、逐步回归分析、公共因素模型分析等。运用这些规约方法，就可以获取可靠数据，减少数据集规模，提高数据抽象程度，提升数据挖掘效率，达到操作上的简单、简洁、简约和高效。

（2）综观原则

所谓综观，就是对认知对象进行综合性的观察、分析和探索；从总体上对认识对象、认识过程和认识结果进行抽象、概括或直觉，并通过具体的信息数据超越那些涵盖于总体性中的局部或个别。这种综观既针对构成事物之个体的全部，也针对构成事物的诸要素组成的统一体，以及总体上显现的本质和规律。综观较整体观察更加辩证。它坚持从大处着眼，从总体上去“观其状，求其法，探其道”，以求得解决问题的策略和战略。它坚持整体的具体统一性，凸显认知对象的具体实在性。大数据集成，既包括对存储在结构化数据结构中的数据进行移动和集成，也包括对一大部分非结构化数据中的数据进行移动、调节和集成。通过对大数据的综观、模型化和虚拟化，可以做到花最小气力获取最大效益。特别是数据虚拟化，不仅可以为数据使用者提供极具真实性、完整性和精准性的“实时集成的数据视图”，还可以将来自不同数源的数据信息整合为一，并转化成使用者所需要的图式和模型。

（3）解释原则

尽管数据集成、数据建模、云计算和数据虚拟化是大数据处理的一些主要形式，能够给认知主体以质、量和度等多方面的总体性的形象和认识，但面对“不能言语”的具体的数字、信息、图像和虚拟视频，还是需要认知主体进行能动的和创造性的解读与阐释。这不只因为包括数字、数码、文字和一切符号在内的语言“是存在的故乡”（即要认识客体或对象，总是需要利用语言给予建构、包装、说明和解释），还因为一切语言自身所拥有的价值和意义也需要使用它和阅读它的主体去“赠予”。换句话说，就是这些摆在人们面前的大数据，究竟表达什么或意味着什么，很大程度上，并不取决于由数据信息自身所标明的“客观实在性”，而是主要取决于认知主体对其解读时所拥有的整体上的解释力、构建力和知解力，取决于由数据构架起来的理论形态和实践目的。因为只有通过人的感悟、觉识、分析、推理、判断和阐释，才能够赋予数据和信息多重的或异乎寻常的结构和意义，才能够由表及里揭示出深藏于内的隐蔽之物；进而通过各种解释之间的矛盾和冲突，获悉被解释的存在和本质。

（4）智慧原则

尽管信息革命将人类带进了大数据的春天，而且使越来越多的人确信“数据多多益善，即数据越多，分析越深入，所得的结论就越全面”，但面对“僵死的数据”，要想点石成金，还需依赖于人的智慧和学识。为此，在大数据处理过程中，真正的智者既要兼具数据分析、机器学习、数据挖掘以及数据统计的能力，也要具备应用算法和编写代码的经验。面对琳琅满目的大数据，不仅要关注其多样性、差异性、精确性和实效性，否则缺少其中任何一个性能，都可能使所获数据达不到预期的效果和目标；还要全面深入挖掘各种类型的数据，并在此基础上运用数据建模和数据算法在不同的数据集成中分析不同的假设情境，建构不同的可视化图像，进而揭示数据集成的变化及其产生的效用。

3.2.2　结果

根据以上方法和原则，项目组做出了三类棉铃虫预测模型，考虑到准确性、操作方便性、易于推广性，给出了以下模型。

3.2.2.1　预测模型

（1）成虫发生量预测模型

1）越冬代成虫发生量模型

越冬代 $G0$ 发生量预测模型：

$$Y_{G0}=0.104X_1+41.905X_2-760.542$$

其中，X_1 为上年二代成虫数量；X_2 为 5 月平均气温。

2）一代成虫发生量模型

一代 $G1$ 预测模型：

$$Y_{G1}=0.877X_1+5.925X_2-65.195$$

其中，X_1 为越冬代成虫数量；X_2 为上年 11 月降水总量。

3）二代成虫发生量模型

$$Y_{G2}=3.764X_1-22.589X_2+64.000X_3-32.355X_4-148.595X_5-2\,265.339$$

其中，X_1为越冬代成虫数量；X_2为上年 10 月降水总量；X_3为 5 月平均气温；X_4为 3 月平均相对湿度；X_5为 6 月平均气温。

（2）卵发生量预测模型

1）一代卵发生量模型

$$Y_{G1}=1.300X_1-3.504X_2-2.181X_3+0.675X_4-3.575X_5+440.077$$

其中，X_1为 2 月降水总量；X_2为上年 12 月平均相对湿度；X_3为 3 月平均相对湿度；X_4为 3 月降水总量；X_5为 3 月最低气温平均值。

2）二代卵发生量模型

$$Y_{G2}=1.076X_1-0.586X_2-2.046X_3+0.571X_4+0.422X_5+180.311$$

其中，X_1为一代卵量；X_2为 2 月降水总量；X_3为上年 12 月平均相对湿度；X_4为 3 月降水总量；X_5为 5 月降水总量。

3）三代卵发生量模型

$$Y_{G3}=-0.930X_1+2.108X_2-1.601X_3-1.038X_4+3.508X_5-170.728$$

其中，X_1为 4 月最低气温平均值；X_2为上年 10 月最高气温平均值；X_3为上年 12 月降水总量；X_4为 1 月降水总量；X_5为 2 月平均相对湿度。

（3）幼虫发生量预测模型

1）一代幼虫发生量模型

$$Y_{G1}=-2.348X_1+0.155X_2-0.416X_3-0.125X_4-0.139X_5+111.049$$

其中，X_1为 6 月最高气温平均值；X_2为 6 月平均气温；X_3为上年 12 月平均相对湿度；X_4为 2 月降水总量；X_5为 6 月最低气温平均值。

2）二代幼虫发生量模型

$$Y_{G2}=2.036X_1+1.949X_2-158.772$$

其中，X_1为 2 月平均相对湿度；X_2为 4 月最低气温平均值。

3）三代幼虫发生量模型

$$Y_{G3}=-7.090X_1-13.356X_2-4.312X_3-3.587X_4+805.823$$

其中，X_1 为 1 月最高气温平均值；X_2 为 5 月最低气温平均值；X_3 为上年 12 月平均相对湿度；X_4 为 2 月平均相对湿度。

（4）成虫高峰发生期预测模型

1）越冬代成虫高峰发生期模型

$$Y_{G0}=-1.907X_1+0.334X_2+166.804$$

其中，X_1 为上年 11 月平均气温；X_2 为 4 月降水总量。

2）一代成虫高峰发生期模型

$$Y_{G1}=0.820X_1+0.500X_2+2.151X_3+67.491$$

其中，X_1 为越冬代结束日；X_2 为 3 月降水总量；X_3 为 2 月最高气温平均值。

3）二代成虫高峰发生期模型

$$Y_{G2}=0.440X_1+0.101X_2+0.316X_3-0.979X_4+0.212X_5+146.151$$

其中，X_1 为一代成虫高峰期；X_2 为一代成虫结束日；X_3 为 4 月平均相对湿度；X_4 为 4 月最高气温平均值；X_5 为 3 月平均相对湿度。

（5）卵发生期预测模型

1）一代卵高峰发生期模型

$$Y_{G1}=-0.816X_1-0.463X_2+1.412X_3+0.372X_4+0.142X_5+190.007$$

其中，X_1 为上年 10 月最低气温平均值；X_2 为 1 月降水总量；X_3 为 3 月最低气温平均值；X_4 为 4 月平均相对湿度；X_5 为 4 月降水总量。

2）二代卵高峰发生期模型

$$Y_{G2}=0.684X+223.865$$

其中，X 为 3 月降水总量。

3）三代卵高峰发生期模型

$$Y_{G3}=0.606X_1+0.559X_2-6.543X_3+263.870$$

其中，X_1 为上年 11 月降水总量；X_2 为 7 月最低气温平均值；X_3 为 1

月平均相对湿度。

（6）幼虫高峰发生期预测模型

1）一代幼虫高峰发生期模型

$$Y_{G1}=-0.183X_1-0.225X_2+1.718X_3+1.595X_4+0.947X_5+62.998$$

其中，X_1 为 3 月最低气温平均值；X_2 为上年 11 月降水总量；X_3 为 2 月平均相对湿度；X_4 为上年 12 月最高气温平均值；X_5 为 1 月降水总量。

2）二代幼虫高峰发生期模型

$$Y_{G2}=-0.639X_1+1.383X_2-1.398X_3+0.610X_4+428.384$$

其中，X_1 为上年 11 月降水总量；X_2 为 1 月降水总量；X_3 为棉花出苗普遍期；X_4 为 2 月降水总量。

3）三代幼虫高峰发生期模型

$$Y_{G3}=0.589X_1+1.649X_2+261.791$$

其中，X_1 为 2 月降水总量；X_2 为 2 月最高气温平均值。

（7）成虫发生程度预测模型

1）越冬代成虫发生程度模型

$$Y_{G0}=1.083X_1+0.416X_2-0.172X_3-8.015$$

其中，X_1 为上年二代成虫发生程度；X_2 为 5 月最高气温平均值；X_3 为 4 月最高气温平均值。

2）一代成虫发生程度模型

$$Y_{G1}=0.836X_1-0.048X_2+1.260$$

其中，X_1 为越冬代成虫发生程度；X_2 为上年 10 月降水总量。

3）二代成虫发生程度模型

$$Y_{G2}=0.560X_1-0.035X_2-0.056X_3+17.602$$

其中，X_1 为一代成虫发生程度；X_2 为一代成虫结束日；X_3 为棉花出苗普遍期。

3.2.2.2　大数据分析

（1）物候分析

1）越冬代（*G*0）棉铃虫成虫物候分析

1996—2018 年，越冬代成虫首现日、结束日、高峰期、历期变化速率分别为−0.587 d/a、0.211 d/a、−0.461 d/a、0.798 d/a，即越冬代成虫首现日、高峰期每年提前 0.587 天、0.461 天，而结束日则每年延迟 0.211 天，使越冬代历期每年延长 0.798 天。仅首现日和历期达到显著水平，由于首现日的提前，且历期延长，这将使更多在土壤中越冬的蛹羽化成棉铃虫成虫，增加越冬代成虫的数量，见图 3-1。

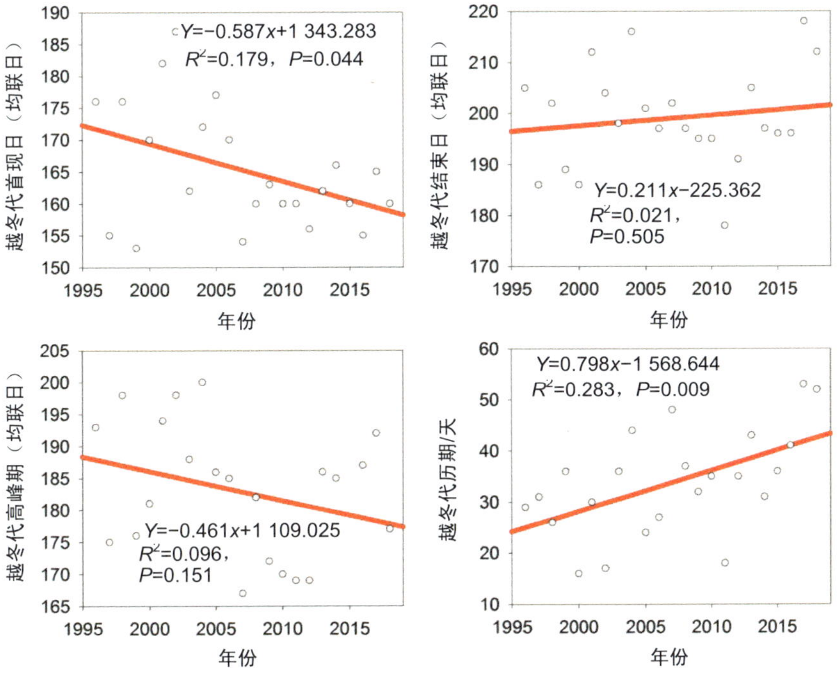

图 3-1　越冬代成虫首现日、结束日、高峰期、历期

注：R^2 为相关系数；*P* 为显著性水平。

2）一代（*G*1）棉铃虫成虫物候分析

1996—2018 年，一代成虫首现日、结束日、高峰期、历期变化速率分别为 0.064 d/a、−0.200 d/a、−0.216 d/a、−0.264 d/a，即一代成虫结束日、高峰期每年提前 0.200 天、0.216 天，而首现日则每年延迟 0.064 天，由于结束日的变化速率快于首现日，使历期每年缩短 0.264 天。四个物候均未达到显著水平，说明一代成虫物候变化并不明显，见图 3-2。

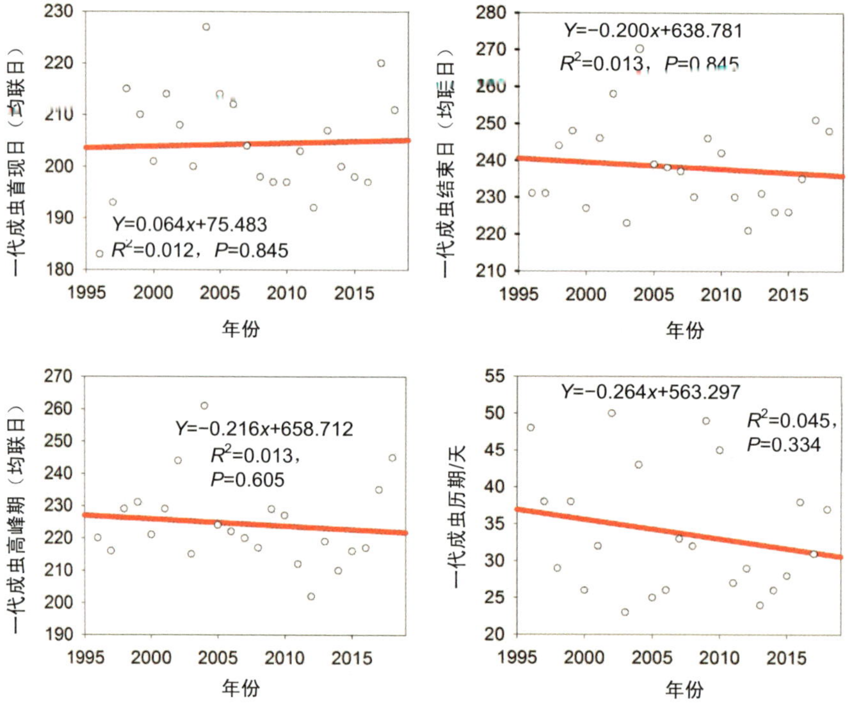

图 3-2　一代成虫首现日、结束日、高峰期、历期

3）二代（*G*2）棉铃虫成虫物候分析

1996—2018 年，二代成虫首现日、结束日、高峰期、历期变化速率分别为−0.544 d/a、−0.552 d/a、−0.295 d/a、1.097 d/a，即二代成虫首现日、结束日、高峰期每年提前 0.544 天、0.552 天、0.295 天，而历期则每年延长 1.097 天，且达到显著水平。说明二代成虫物候虽有提前的趋势，但变化并不明显，见图 3-3。

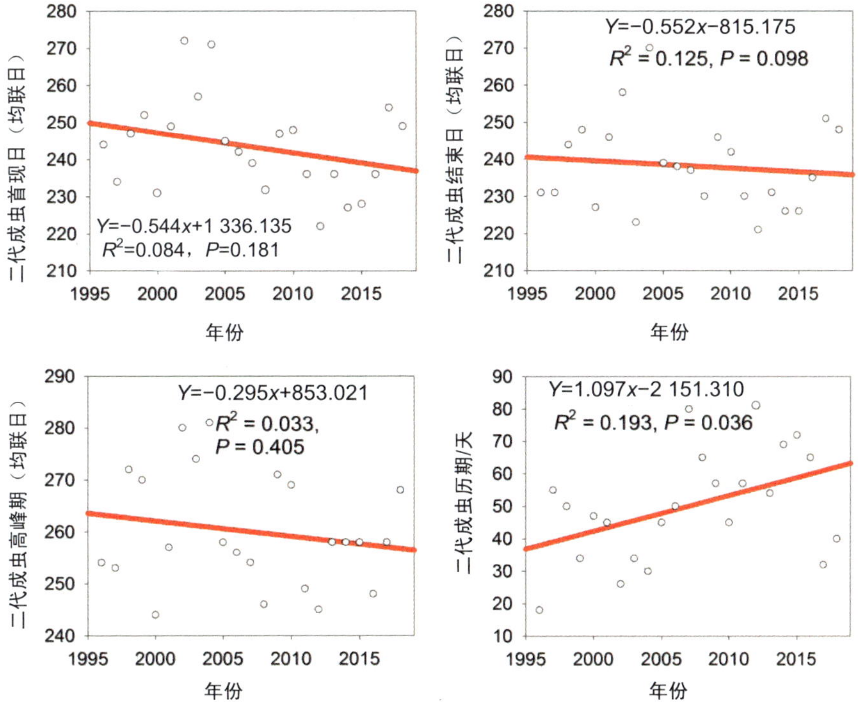

图 3-3　二代成虫首现日、结束日、高峰期、历期

4）一代卵物候分析

2000—2018 年，一代卵首现日、结束日、高峰期、历期变化速率分别为−1.433 d/a、−1.228 d/a、−1.135 d/a、0.205 d/a。表明一代卵首现日、结束日、高峰期、历期均呈现提前的趋势，即每年提前 1.433 天、1.228 天、1.135 天，均达到显著水平。仅历期未达显著水平，且每年延长 0.205 天，这会使卵的孵化数量增加，使幼虫数量增加，见图 3-4。

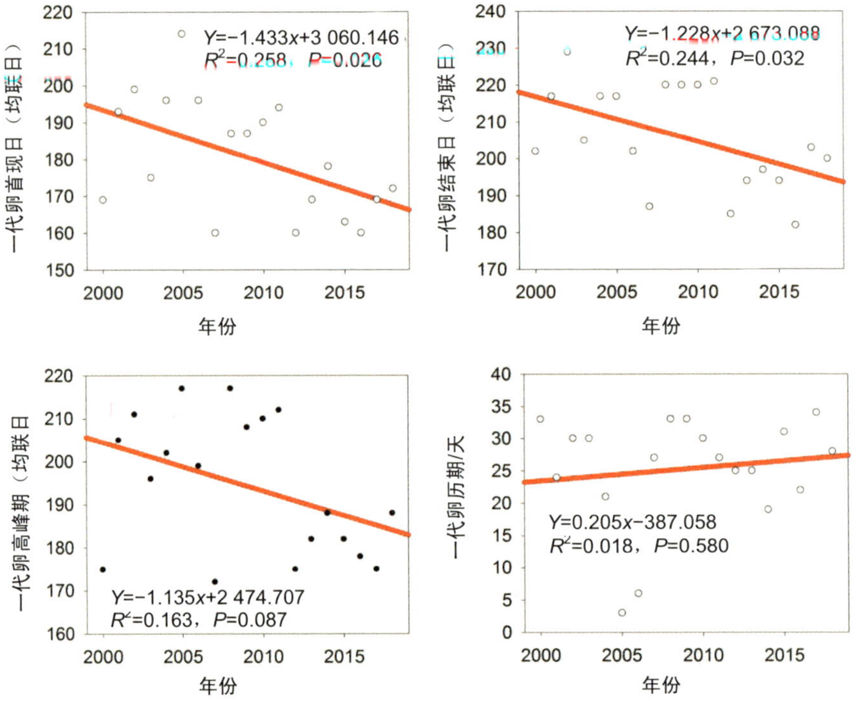

图 3-4　一代卵首现日、结束日、高峰期、历期

5）二代卵物候分析

2000—2018 年，二代卵首现日、结束日、高峰期、历期变化速率分别为−1.544 d/a、−1.826 d/a、−1.300 d/a、−0.282 d/a。二代卵首现日、结束日、高峰期呈现提前的趋势，即每年提前 1.544 天、1.826 天、1.300 天，因结束日提前变化速率快于首现日变化速率，使二代卵历期每年缩短 0.282 天，这将使孵化的卵量减少，会使二代幼虫数量减少。但二代卵高峰期会提前到来，也会使二代幼虫高峰期提前到来。仅二代卵起始日和结束日达到显著水平，见图 3-5。

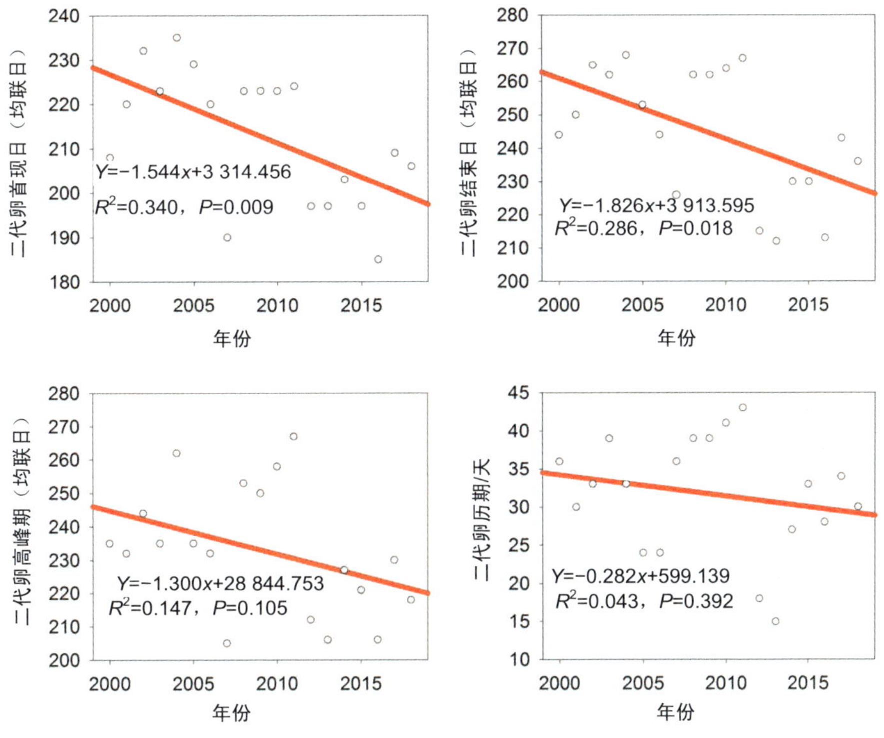

图 3-5　二代卵首现日、结束日、高峰期、历期

6）三代卵物候分析

2000—2018 年，三代卵首现日、结束日、高峰期、历期变化速率分别为−1.823 d/a、−1.998 d/a、−1.461 d/a、−0.246 d/a，即三代卵首现日、结束日、高峰期每年提前 1.823 天、1.998 天、1.461 天，但由于结束日的提前速率快于起始日，使三代卵历期呈现缩短趋势，每年可缩短 0.246 天，会减少三代幼虫的数量。除三代卵历期外，均达显著水平，见图 3-6。

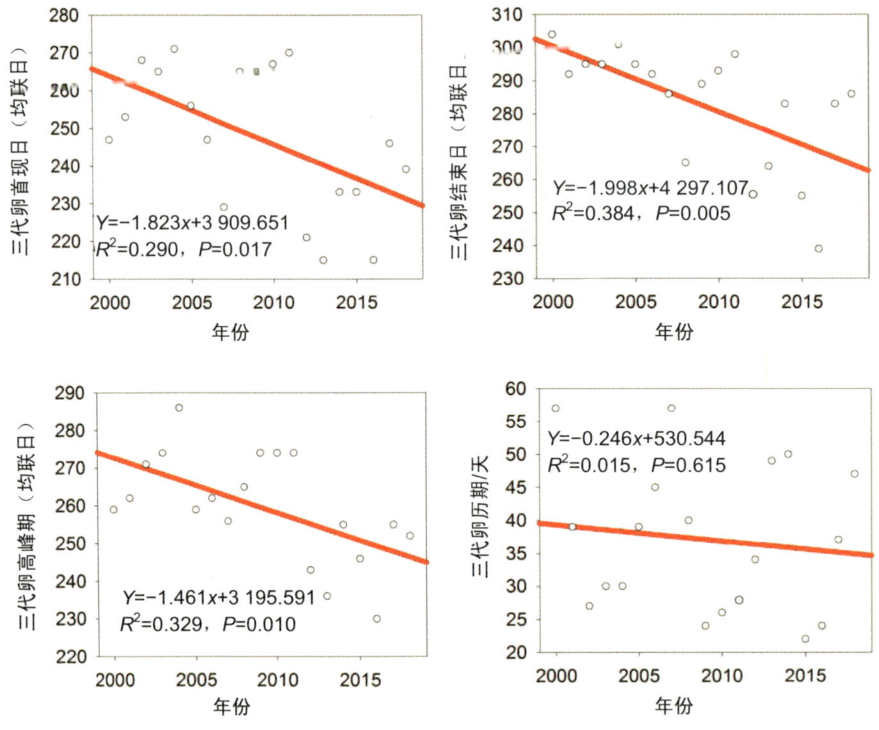

图 3-6　三代卵首现日、结束日、高峰期、历期

7）一代幼虫物候分析

2000—2018 年，一代幼虫首现日、结束日、高峰期、历期变化速率分别为−1.391 d/a、−0.409 d/a、−0.907 d/a、0.982 d/a，即一代幼虫首现日、结束日、高峰期每年提前 1.391 天、0.409 天、0.907 天，但由于结束日的提前速率小于首现日，使一代幼虫历期每年延长 0.982 天。除结束日外，其余均达显著水平，见图 3-7。

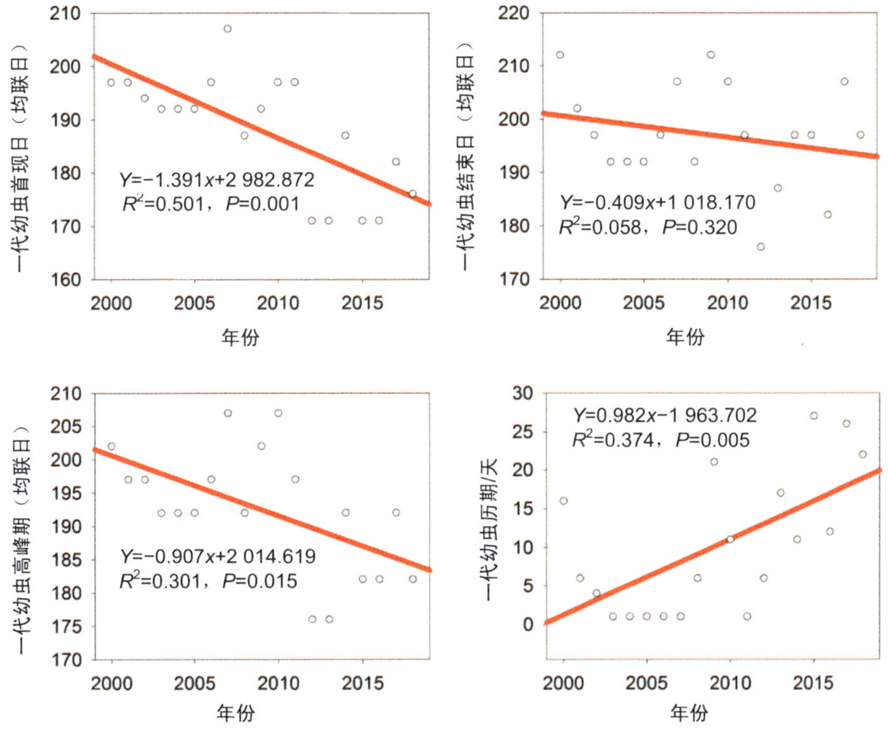

图 3-7　一代幼虫首现日、结束日、高峰期、历期

8）二代幼虫物候分析

2000—2018 年，二代幼虫首现日、结束日、高峰期、历期变化速率分别为−1.142 d/a、−1.593 d/a、−1.839 d/a、−0.451 d/a，即二代幼虫首现日、结束日、高峰期每年提前 1.142 天、1.593 天、1.839 天，由于结束日提前速率快于首现日，使二代幼虫历期每年缩短 0.451 天。除二代幼虫历期外，其余均达显著水平，见图 3-8。

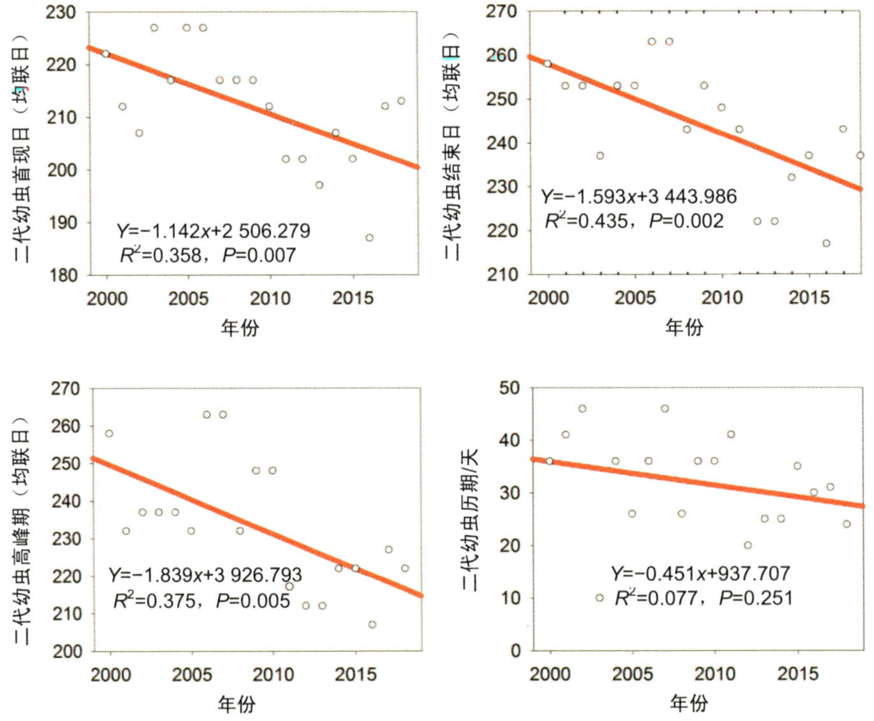

图 3-8　二代幼虫首现日、结束日、高峰期、历期

9）三代幼虫物候分析

2000—2018 年，三代幼虫首现日、结束日、高峰期、历期变化速率分别为−1.825 d/a、−0.546 d/a、−1.118 d/a、1.279 d/a，即三代幼虫首现日、结束日、高峰期每年提前 1.825 天、0.546 天、1.118 天，因首现日变化速率快于结束日，使在历期每年延长 1.279 天。除结束日外，均达到显著水平，见图 3-9。

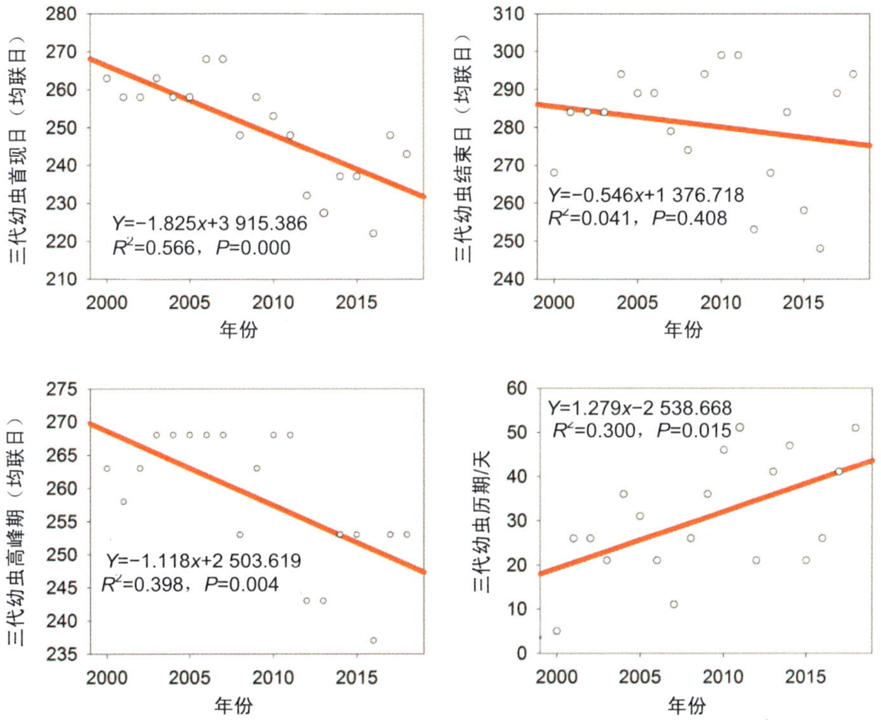

图 3-9　三代幼虫首现日、结束日、高峰期、历期

（2）丰富度分析

1）成虫丰富度分析

越冬代成虫和一代成虫的丰富度基本相似，但与二代成虫有较大差

异，使得全年成虫丰富度变化与二代成虫相似，说明二代成虫数量明显增多见图 3-10，且在 2008 年和 2015 年各出现一次高峰，全年成虫数量变化趋势与二代成虫相似，说明二代成虫占主导地位，比例较大，这在图 3-11 中二代成虫所占的比例可明显看出。

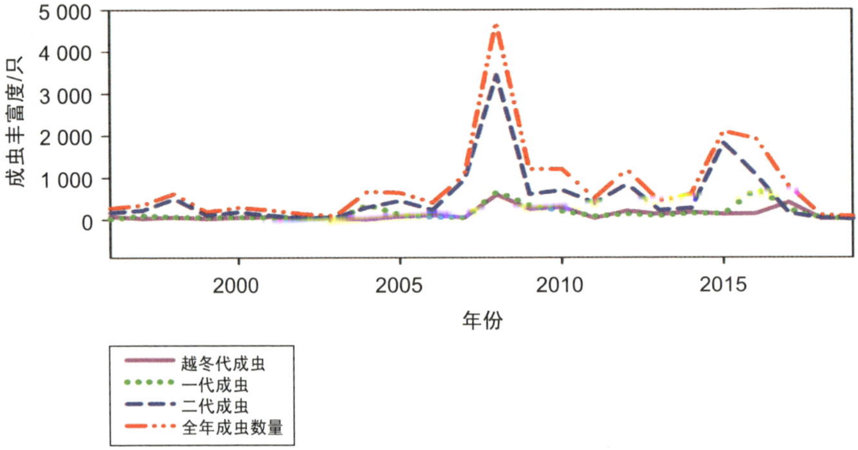

图 3-10　成虫丰富度

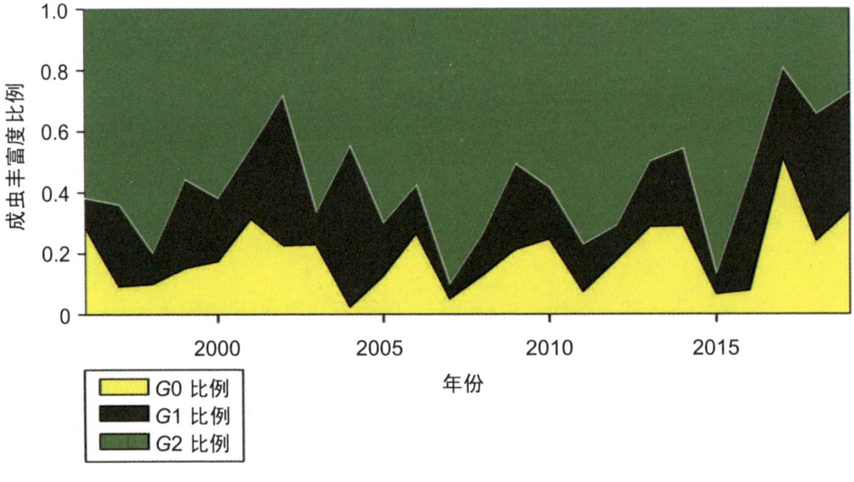

图 3-11　成虫丰富度的比例

2）幼虫丰富度分析

一代幼虫为越冬代成虫产卵所孵化而成，由于卵的数量较少，因而一代幼虫数量也较少。二代幼虫为一代成虫所产卵孵化而成，且一代成虫数量较少（图 3-12），因而二代幼虫数量也少，直到二代成虫数量增长后，其所产的三代幼虫数量才大幅增加，导致全年幼虫数量增加，因而全年幼虫数量与三代幼虫数量变化相似，说明三代幼虫在全年数量中占主导地位，这在图 3-13 中的比例也得到了印证。

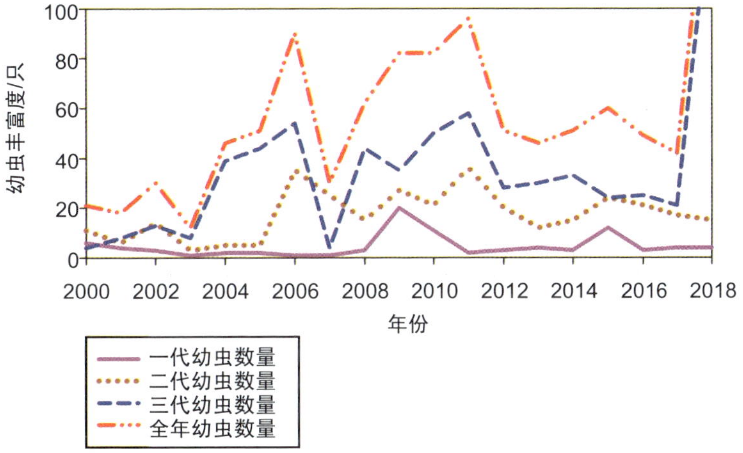

图 3-12　幼虫丰富度

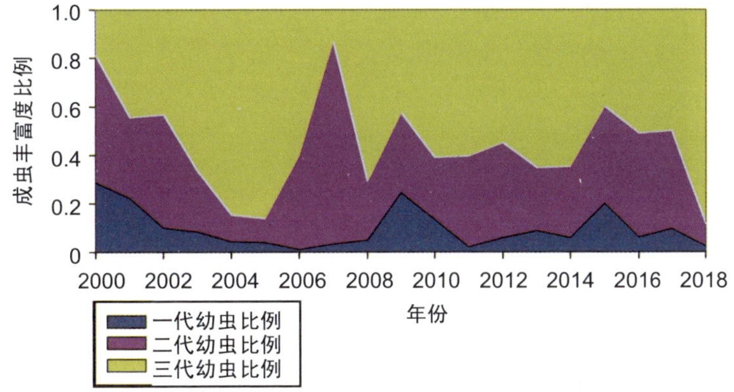

图 3-13　各代幼虫丰富度的比例

3）卵丰富度分析

一代卵为越冬代成虫所产，而越冬代成虫的数量较少，使一代卵的数量也较少。二代卵为一代成虫所产，一代成虫的数量与越冬代成虫都较少，因而二代卵的数量也较少。三代卵为二代成虫所产，因而数量较多，其变化趋势与全年卵的数量变化趋势相似（图3-14），说明三代卵占据主要地位，这在图3-15中也得到了印证。

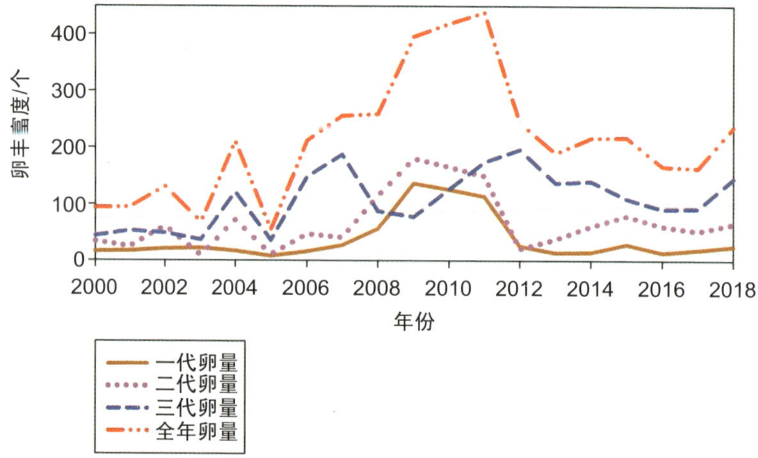

图 3-14　卵的丰富度

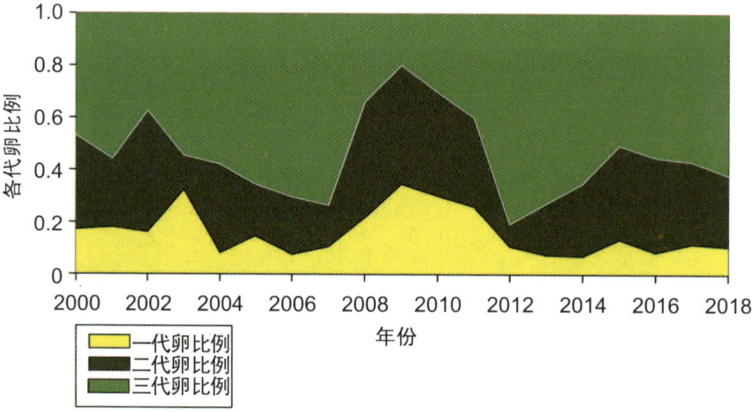

图 3-15　各代卵的比例

（3）*R* 功能分析

1）成虫 *R* 功能分析

各代成虫和全年成虫 *R* 功能的变化表明，各代 *R* 功能在年际变化中呈现较为明显的波动趋势，年际增加趋势是下降的，说明成虫数量增加缓慢或变化不大，见图 3-16。

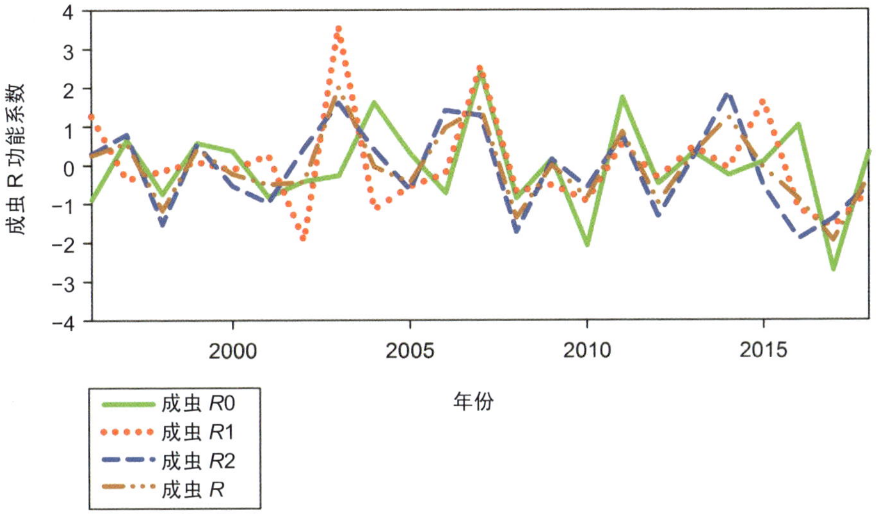

图 3-16　成虫 *R* 功能变化

2）幼虫 *R* 功能分析

通过一代、二代、三代和全年幼虫的 *R* 功能变化可知，幼虫年际变化总体呈增加趋势（图3-17），但一代幼虫增加最为缓慢，三代幼虫增加较快。

3）卵 *R* 功能分析

除三代卵在 2007 年、2009 年变化较大，引起 *R* 值有较大波动外，其他年份变化并不明显，一代卵、二代卵和全年卵变化幅度不大，说明年际间增加或减少的幅度并不大，见图 3-18。

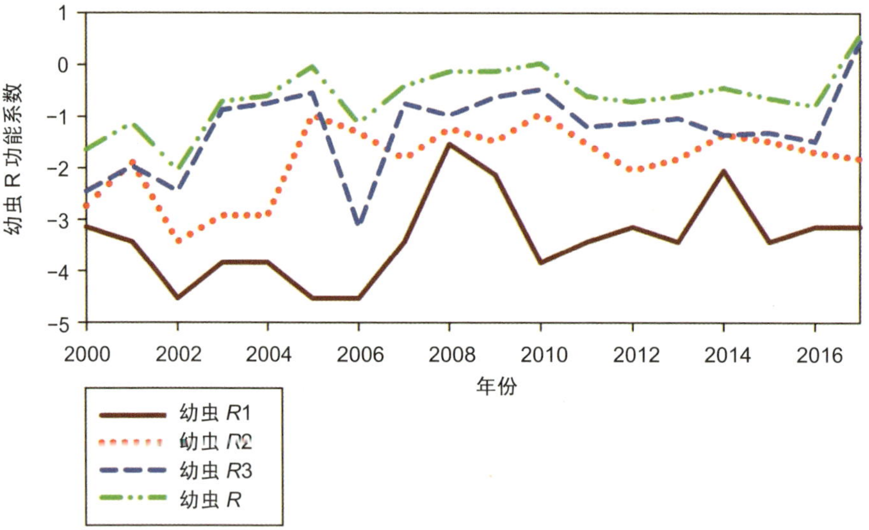

图 3-17　幼虫 *R* 功能变化

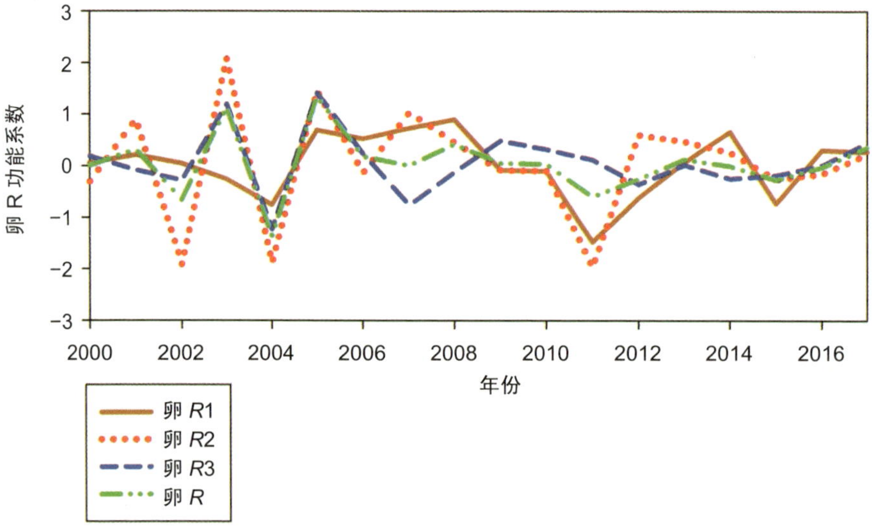

图 3-18　卵 *R* 功能变化

（4）突变分析

1）成虫数量突变分析

越冬代、一代、二代、全年成虫数量发生突变的年份分别是 2006 年、2003 年、2003 年、2003 年，且均达到显著水平。在突变年份前都呈下降趋势，而在突变年份后都呈增长趋势，在 2016 年，各代数量开始同时呈下降趋势，见图 3-19。

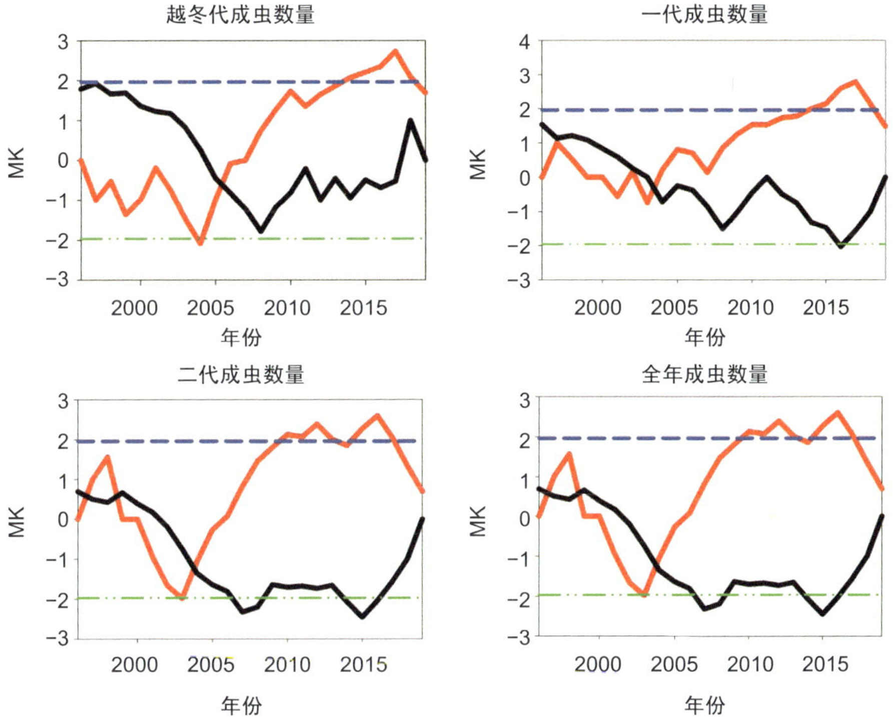

图 3-19　成虫数量突变

2）幼虫数量突变分析

一代、二代、三代、全年幼虫数量发生突变的年份分别是 2015 年、2006 年、2017 年、2004 年。一代幼虫数量在 2007 年开始呈增长趋势；二代幼虫数量在 2005 年开始呈增长趋势，在 2011 年转向下降；而三代幼虫数量则在 2005 年和 2011 年两次转向下降；全年幼虫数量从 2004 年增长到 2011 年，再转向下降，与三代幼虫相似，这是因为三代幼虫数量在全年幼虫数量中的比例较大，起了主导作用，见图 3-20。

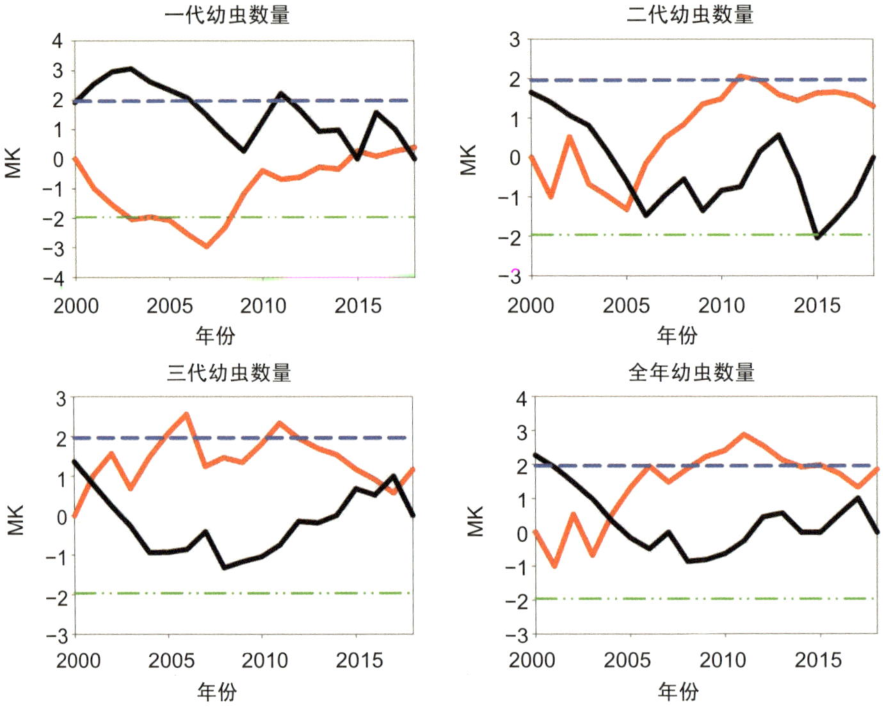

图 3-20　幼虫数量突变

3）卵数量突变分析

一代、二代、三代、全年卵数量突变分别发生在 2016 年、2006 年、2006 年、2003 年。一代卵数量变化较为复杂，2003—2006 年呈下降趋势，2006—2011 年呈增长趋势，之后又呈下降趋势；二代卵数量在 2005—2011 年呈增长趋势，之后转为下降趋势；三代卵数量则从 2005 年起一直呈增长趋势；全年卵数量在 2002—2005 年有波动外，2005—2011 年呈增长趋势，之后呈下降趋势，见图 3-21。

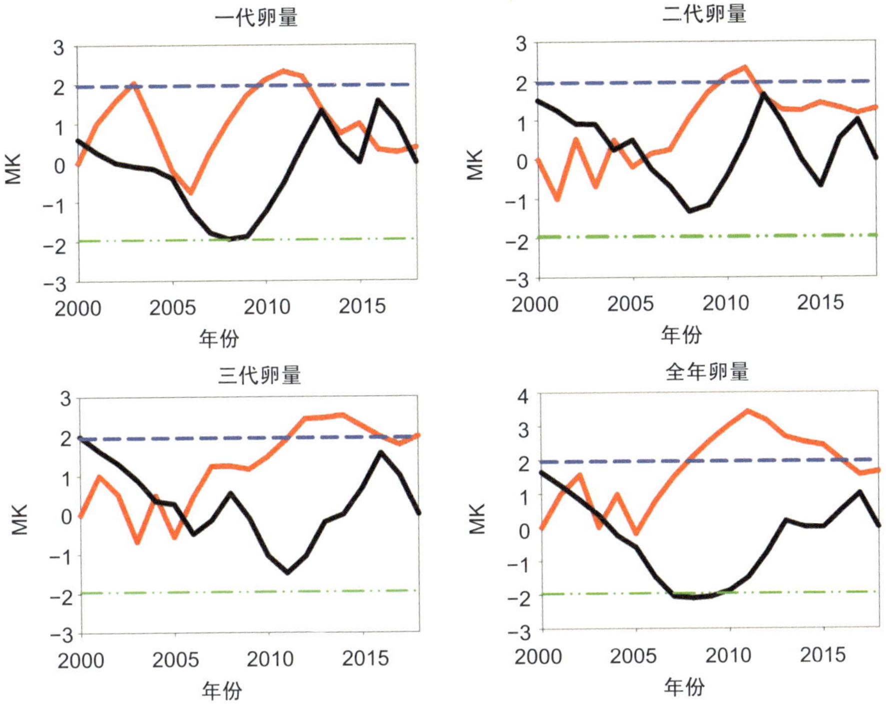

图 3-21　卵量的突变

4）成虫起始日突变分析

越冬代成虫起始日、一代成虫起始日、二代成虫起始日突变分别发生在 2005 年、2007 年、2007 年，突变之后呈提前趋势。仅越冬代成虫和二代成虫起始日达到显著水平，见图 3-22。

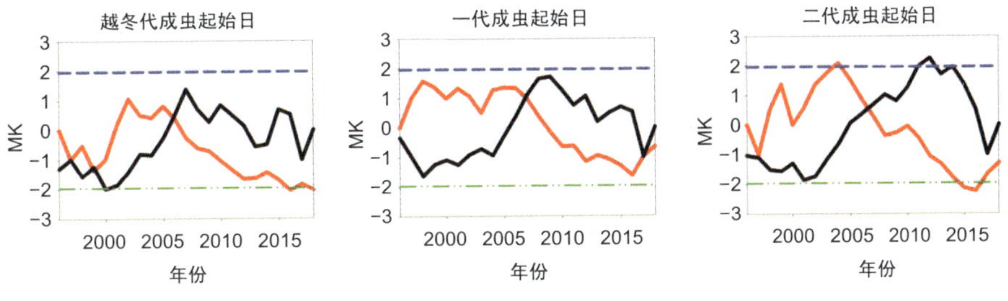

图 3-22　成虫起始日突变

5）幼虫起始日突变分析

一代、二代、三代幼虫的起始日突变分别发生在2007年、2008年、2009年，均达到显著水平。一代幼虫起始日在2005年前是提前趋势，2005—2007年是延迟趋势，之后又是提前趋势；二代幼虫起始日在2006年前是延迟趋势，但之后是提前趋势；三代幼虫起始日突变发生在2009年，但自2007年就开始呈现提前趋势，见图3-23。

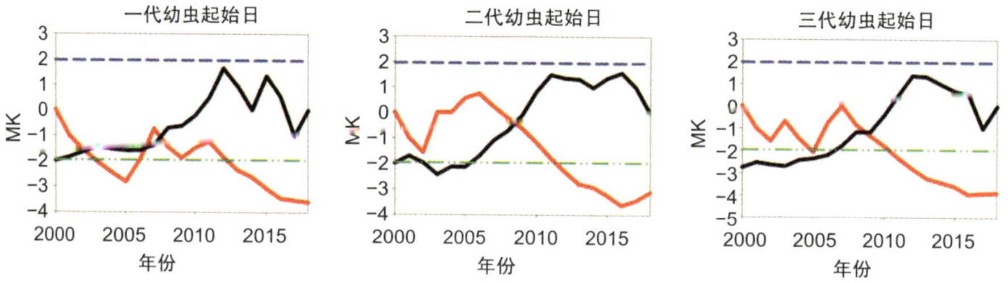

图 3-23　幼虫起始日突变

6）卵起始日突变分析

一代、二代、三代卵起始日的突变分别发生在2011年、2006年、2006年，均达显著水平。突变后都呈提前趋势，一代、二代、三代卵均自2005年就开始呈现提前趋势，见图3-24。

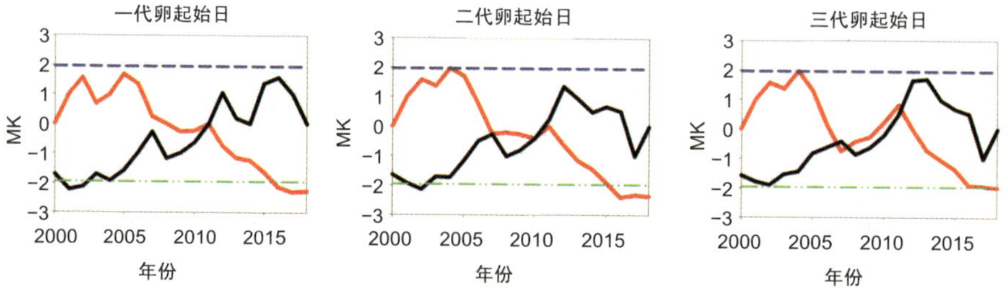

图 3-24　卵起始日突变

7）成虫结束日突变分析

越冬代成虫结束日、一代成虫结束日、二代成虫结束日突变年份分别为 2005 年、2007 年、2000 年；越冬代和一代成虫的结束日在突变后呈提前趋势，而二代成虫结束日在突变后则呈延迟趋势，见图 3-25。

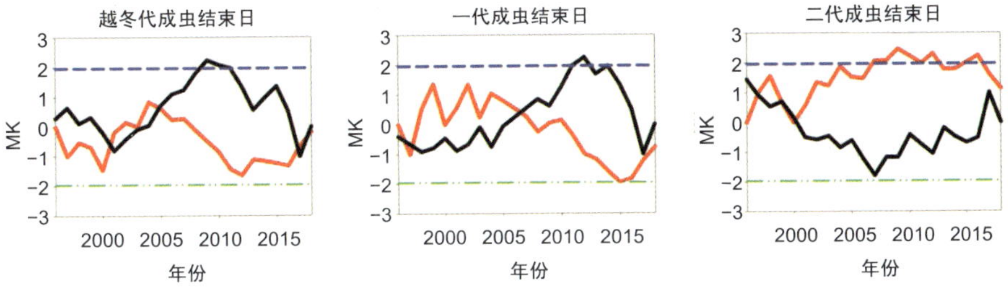

图 3-25　成虫结束日突变

8）幼虫结束日突变分析

三代幼虫结束日突变年份为 2011 年，达显著水平，而一代、二代幼虫结束日虽无明显突变年份，但都呈提前趋势。一代幼虫结束日在 2005 年前呈提前趋势，但在 2005—2010 年却呈延迟趋势，2010 年之后则呈提前趋势；二代幼虫结束日在 2005 年前呈提前趋势，但在 2005—2007 年却呈延迟趋势，2007 年后呈提前趋势；三代幼虫结束日变化较复杂，但最终在 2011 年后呈提前趋势，见图 3-26。

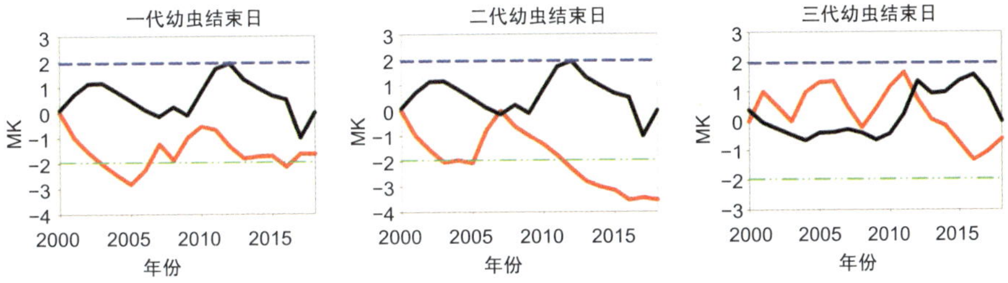

图 3-26　幼虫结束日突变

9）卵结束日突变分析

一代、二代、三代卵结束日的突变年份分别为 2011 年、2011 年、2006 年，除一代卵外，二代、三代卵结束日突变均达显著水平。一代、二代卵在 2006—2011 年呈延迟趋势。突变后，则呈提前趋势，见图 3-27。

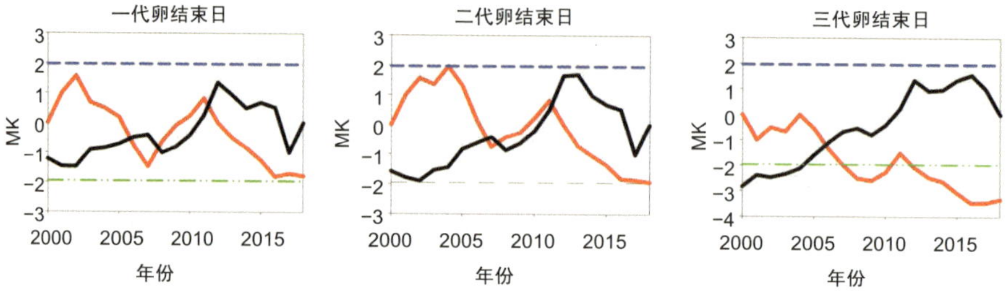

图 3-27　卵结束日突变

10）成虫高峰期突变分析

越冬代、一代、二代成虫高峰期突变年份分别为 2005 年、2007 年、2009 年，均达显著水平。突变前各高峰期呈延迟趋势，突变后呈提前趋势，见图 3-28。

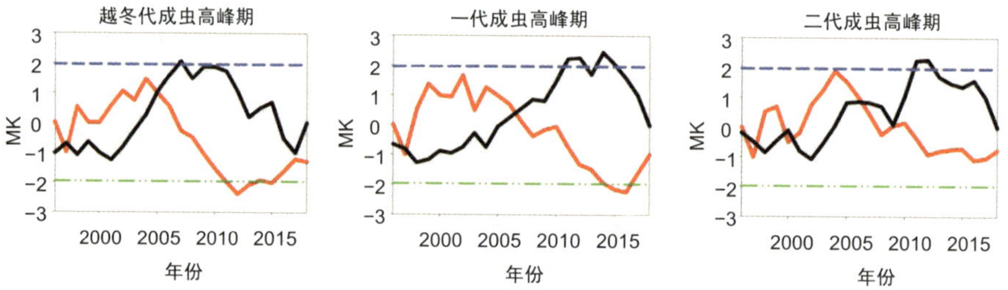

图 3-28　成虫高峰期突变

11）幼虫高峰期突变分析

一代、二代、三代幼虫高峰期突变年份分别为 2010 年、2009 年、2008 年，均达显著水平。一代幼虫在 2005—2010 年呈延迟趋势，之后呈提前趋势；二代幼虫在 2005—2010 年呈延迟或提前的波动中，2010 年后则呈提前趋势，三代幼虫高峰期则在 2003 年后一直呈提前趋势，见图 3-29。

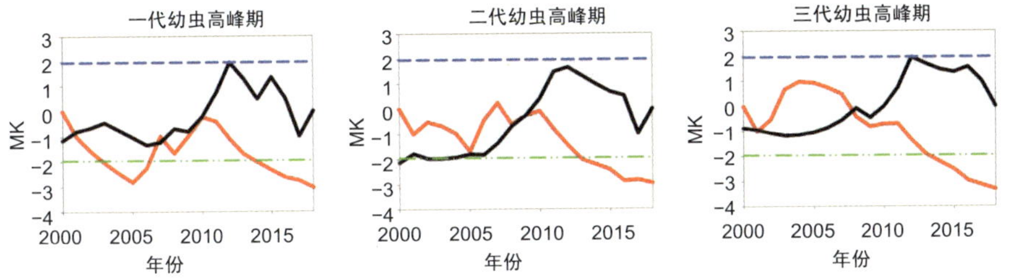

图 3-29　幼虫高峰期突变

12）卵高峰期突变分析

一代、二代、三代卵高峰期突变年份分别为 2011 年、2012 年、2011 年，仅三代卵高峰期突变达显著水平，突变后高峰期呈提前趋势。一代、二代卵高峰期虽有提前趋势，但未达显著水平，见图 3-30。

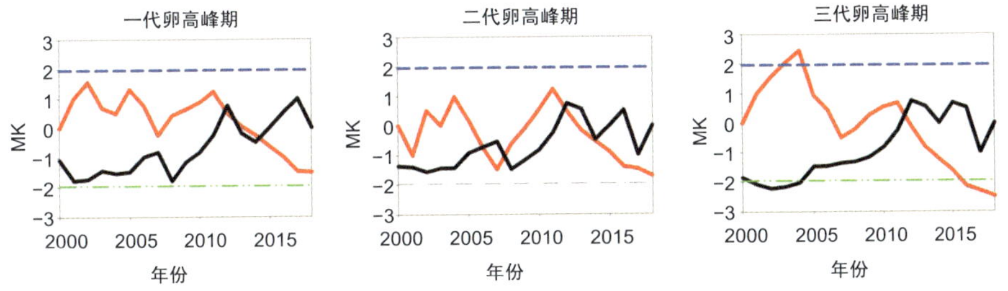

图 3-30　卵高峰期突变

13）成虫历期突变分析

越冬代、二代成虫历期突变年份分别为 2013 年、2006 年，呈延长趋势，均达显著水平。但一代成虫历期整体变化不明显，也未达显著水平，见图 3-31。

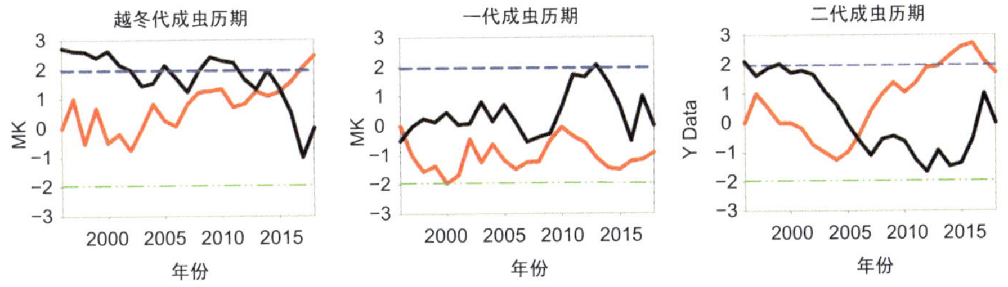

图 3-31　成虫历期突变

14）幼虫历期突变分析

一代、二代、三代幼虫历期突变年份分别为 2014 年、2008 年、2009 年，均达显著水平。一代、三代幼虫历期呈延长趋势，二代幼虫历期则呈缩短趋势，见图 3-32。

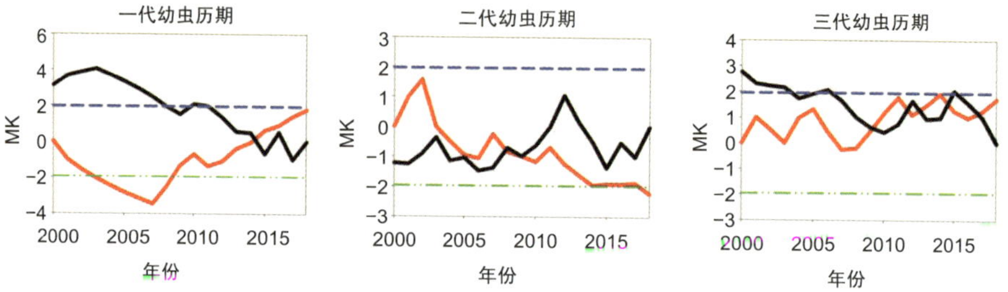

图 3-32　幼虫历期突变

15）卵历期突变分析

一代、二代、三代卵的历期突变年份分别为 2008 年、2007 年、2007 年，均达显著水平。一代、二代卵历期自 2006 年起呈延长趋势，二代卵历期在 2006—2011 年呈延长趋势，在 2011 年之后呈缩短趋势；三代卵历期自 2007 年呈缩短趋势，见图 3-33。

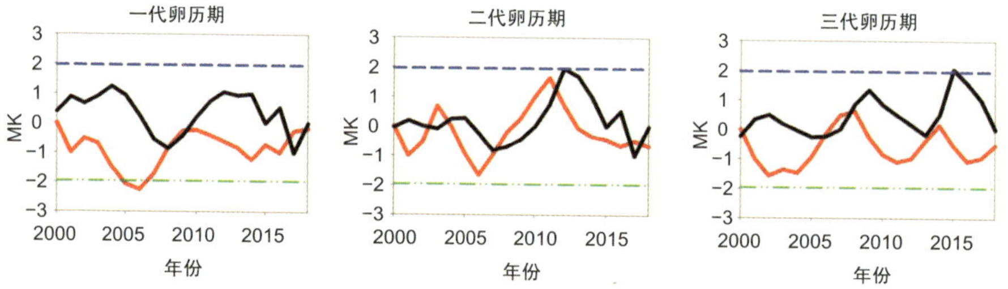

图 3-33　卵历期突变

16）历期与虫数量分析

图 3-34 表明，随着成虫、幼虫、卵的历期延长，其数量也在增长。除越冬代成虫、一代成虫、三代卵外，其余均达显著水平。

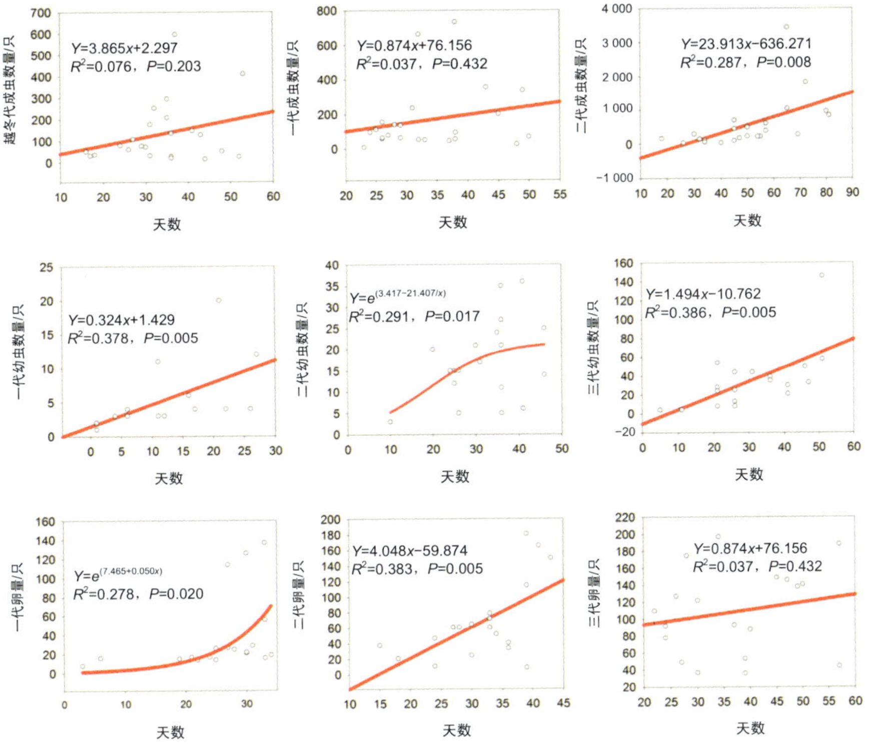

图 3-34　棉铃虫历期与数量关系

3.2.3　小结

本报告提供了新疆沙湾县棉铃虫发生量、发生期、发生程度的模型，适合于一年发生三代棉铃虫的地区参考使用，同时对棉铃虫（包括卵、幼虫、成虫）各代首现日、结束日、高峰期、历期、丰富度、*R* 功能等变化速率、变化趋势、所占比例等进行了大数据分析，主要结果总结如下：

1）如成虫首现日、高峰期等物候呈提前趋势，各代历期呈延长趋势，则可产生更多成虫，二代成虫所占比例较高；但对幼虫而言，一代、二代、三代幼虫物候提前，一代、三代幼虫历期延长，而二代幼虫历期却在缩短，在沙湾地区二代幼虫对作物危害最重，它的历期缩短将会减少对作物的危害；一代、二代、三代卵的物候均提前，一代卵的历期延长，二代、三代卵的历期却在缩短。

2)成虫数量年际波动较大，自2003年开始呈增长趋势，高峰在2008年、2015年；二代成虫数量增长较快；全年数量自2016年开始呈下降趋势。

3）幼虫数量呈增长趋势，年际波动较大，三代幼虫在全年幼虫中所占比例呈增长趋势，一代、二代幼虫所占比例逐渐减少。

4）卵的数量增长不明显，三代卵量逐渐增加，一代、二代卵量比例减少；在2008年，一代、二代卵量达到高峰，之后逐渐下降。

5）对于数量突变（在这里用“＞”表示“早于”，下同），成虫＞卵＞幼虫；对于起始日突变，成虫＞幼虫＞卵；对于结束日突变，成虫＞卵＞幼虫；对于高峰期突变，成虫＞幼虫＞卵；对于历期突变，卵＞幼虫＞成虫。

6）随着成虫、幼虫、卵的历期延长，其数量也在增长。结合结果1）可推测一代、三代幼虫数量会增长，二代幼虫数量会减少，因而对棉花的危害会减轻；事实也是如此；由于越冬代成虫历期呈延长趋势，因而一代卵、一代幼虫的数量也会增加。

3.3 棉铃虫预测预报拟合度分析

3.3.1 材料方法

3.3.1.1 数据来源

用沙湾县植保站观测的棉铃虫数据分析，其中成虫数据为1996—2018

年的，卵和幼虫数据因为业务政策的变化与成虫数据监测时间不同，为 2000—2018 年的。气象数据为 1996—2018 年的，包括温度、降水、相对湿度、土壤温度、积雪深度、云量等，棉花数据为 1996—2018 年的，包括各发育期和产量。越冬代、一代、二代成虫的数据来自测报灯，一代卵和幼虫的数据调查于小麦，二代卵和幼虫的数据调查于棉花，三代卵和幼虫的数据调查于棉花和玉米。

3.3.1.2　分析方法

沙湾地区只有棉铃虫的发生期和发生量预测，因此将原有模型与新的模型进行比较。分析软件有 SPSS、SigmaPlot、Excel 等。

平均误差率计算方法：每一年的模拟值与监测值之差的绝对值与监测值的百分比，即为该年的误差率 E_i，

$$E_i = \frac{|M_i - S_i|}{S_i} \times 100\%(i = 1, 2, 3, \cdots, n)$$

将多年的误差率进行算术平均即为平均误差率。

$$E = \frac{(E_1 + E_2 + \cdots + E_n)}{n}$$

其中，M_i 为模拟值；S_i 为监测值；E 为误差率。

平均准确率计算方法：用 1 减去每一年的误差率 E_i，即为该年的准确率 R_i。

$$R_i = 1 - E_i(i = 1, 2, 3, \cdots, n)$$

再对多年的准确率进行算术平均，即为平均准确率 R。

$$R = \frac{(R_1 + R_2 + \cdots + R_n)}{n}$$

3.3.2 模型对比分析

3.3.2.1 发生量预测模型比较

（1）成虫发生量预测模型比较

1）越冬代成虫发生量模型比较

以前的模型：

$$Y_{G0} = 0.001\,X_1 + 0.030\,X_2 - 0.058\,X_3 - 0.046\,X_4 - 0.047\,X_5 + 10.852$$

其中，X_1 为上年二代成虫数量；X_2 为 2 月降水总量；X_3 为 1 月降水总量；X_4 为棉花出苗普遍期；X_5 为 2 月最高气温平均值。因成虫数量变化幅度巨大，故将成虫数量转换成 *ln*（*x*），*x* 为上年二代成虫数量，即式中 X_1 为对数值。

现在的模型：

越冬代 *G*0 发生量预测模型：

$$Y_{G0} = 0.104\,X_1 + 41.905\,X_2 - 760.542$$

其中，X_1 为上年二代成虫数量；X_2 为 5 月平均气温。

以前与现在的模型比较见表 3-1。

表 3-1　越冬代成虫发生量模型比较

	以前的模型	现在的模型
平均准确率	41.28%	75.42%
平均误差值	−61.649 9	−0.230 3
误差中位数	−22.611 9	3.006 5
误差标准差	131.047 2	111.195 7
误差标准偏差	88.362 1	77.356 1

模型优劣分析：以前的模型考虑了棉花苗期、降水等因子，虽较为全面，但预测准确性较差，平均误差为−61.649 9，即比实际值少了 61.649 9 只成虫，且误差中位为−22.611 9，整体预测结果偏低；而现在的模型平均

误差为−0.230 3，误差中位数为 3.006 5，虽说比实际值多了 3.006 5 只成虫，但整体预测准确率得到明显提升，由以前的 41.28%提升到现在的 75.42%，见表 3-1。此外，越冬代成虫起始日多在 6 月，少数年份在 7 月，结束日多为 6—7 月，现在的模型采用了上年二代成虫数量和 5 月平均气温两个因子，存在一定的提前性，因而在未来推广应用上更简便、实用、可行，见图 3-35。

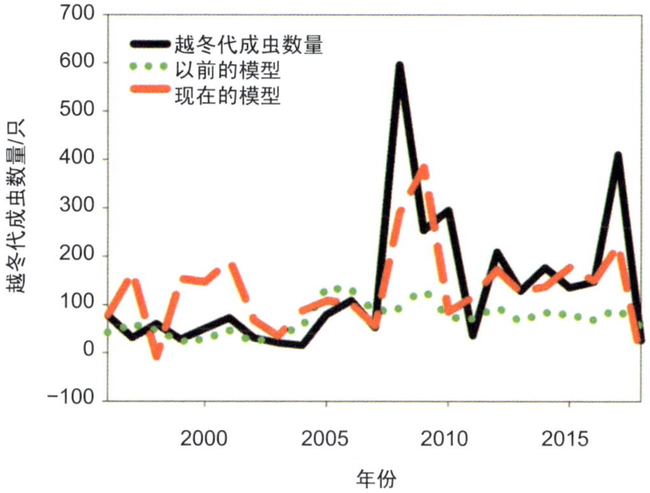

图 3-35　越冬代成虫发生量模型比较

2）一代成虫发生量模型比较

以前的模型：

$$Y_{G1} = 0.363\,X_1 + 0.024\,X_2 + 0.031\,X_3 + 0.117\,X_4 + 0.101\,X_5 - 1.540$$

其中，X_1 为越冬代成虫数量；X_2 为 3 月降水总量；X_3 为 7 月降水总量；X_4 为 4 月最低气温平均值；X_5 为 7 月平均气温。因成虫数量变化幅度巨大，故将成虫数量转换成 ln（x），x 为每年越冬代成体数量，即式中 X_1 为对数值。

现在的模型：

一代 $G1$ 预测模型：

$$Y_{G1} = 0.877\ X_1 + 5.925\ X_2 - 65.195$$

其中，X_1为越冬代成虫数量；X_2为上年 11 月降水总量。

一代成虫发生量模型比较见表 3-2、图 3-36。

表 3-2　一代成虫发生量模型比较

	以前的模型	现在的模型
平均准确率	62.21%	76.17%
平均误差值	−47.214 5	−0.008
误差中位数	2.432 1	27.357 0
误差标准差	137.188 1	127.214 7
误差标准偏差	96.490 5	87.711 2

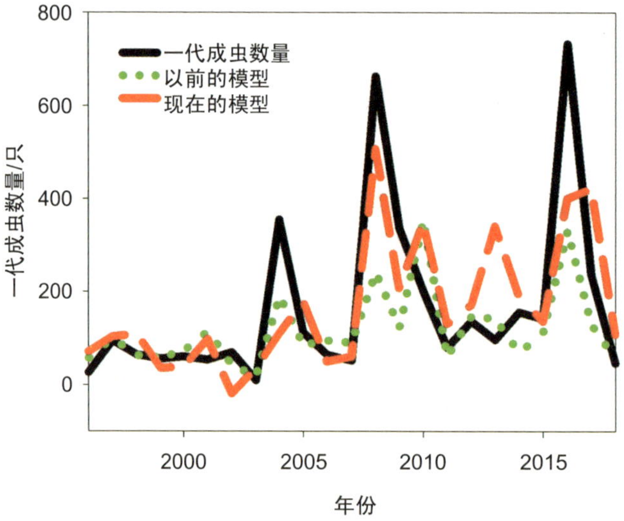

图 3-36　一代成虫发生量模型比较

模型优劣分析：以前的模型使用了 7 月降水总量和 7 月平均气温，但一代成虫起始日，目前记录的多数在 7 月，少数在 8 月，结束日多在 8—9 月，若 7 月的气象数据完全出来，则要等到 8 月 1 日，使预测延迟，失去预测用于防治的意义。而现在的模型使用的气象预测因子为上年 11 月的降水总量，这个数据很早就可以获得，即不受气象数据获取时间的限制，因而比以前的模型具有预测提前、准确率高的优势，且模型简单、实用、易推广。

3）二代成虫发生量模型比较

以前的模型：

$$Y_{G2}=0.315\,X_1+0.185\,X_2-0.022\,X_3+0.042\,X_4-0.013\,X_5+4.686$$

其中，X_1 为一代成虫数量；X_2 为越冬代成虫数量；X_3 为棉花出苗普遍期；X_4 为 9 月平均相对湿度；X_5 为 8 月降水总量。因成虫数量变化幅度巨大，故将成虫数量转换成 *ln*（*x*），即式中 X_1 为一代成虫对数值，X_2 为越冬代成虫对数值。

现在的模型：

$$Y_{G2}=3.764\,X_1-22.589\,X_2+64.000\,X_3-32.355\,X_4+148.595\,X_5-2\,265.339$$

其中，X_1 为越冬代成虫数量；X_2 为上年 10 月降水总量；X_3 为 5 月平均气温；X_4 为 3 月平均相对湿度；X_5 为 6 月平均气温。

二代成虫发生量模型比较见表 3-3、图 3-37。

表 3-3　二代成虫发生量模型比较

	以前的模型	现在的模型
平均准确率	46.92%	93.71%
平均误差值	−290.106 0	0.010 8
误差中位数	−30.344 7	−4.027 8
误差标准差	647.532 5	207.181 8
误差标准偏差	413.864 2	171.046 1

模型优劣分析：以前的模型准确率较低（46.92%），平均误差大（−290.106 ）、误差的标准差（647.532 5）和标准偏差（413.964 2），造成

严重偏离实际值；同时，以前的模型使用了 8 月降水总量和 9 月平均相对湿度的气象数据，而二代成虫就发生在 8—9 月，等气象数据出来，二代成虫已经发生完毕，因而该模型不具备提前预测性，只能用于后期验证。而现在的模型使用的气象数据都是 6 月之前的，不受时间限制，因而可以提前预测，且预测准确率高、误差小、与实际值接近，值得推广使用。

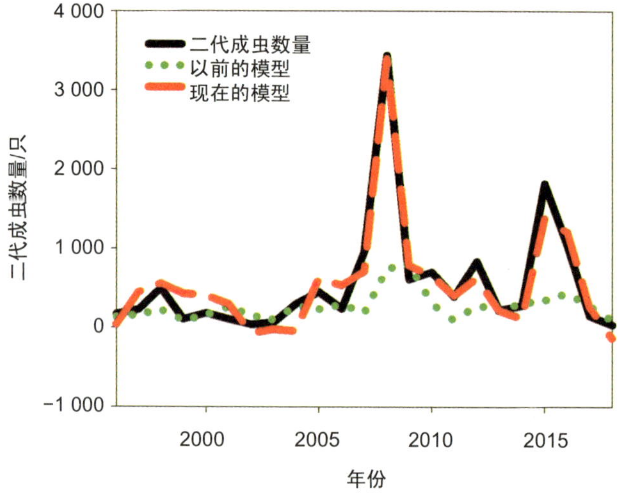

图 3-37　二代成虫发生量模型比较

（2）卵发生量预测模型比较

1）一代卵发生量模型比较

以前的模型：

$$Y = 2.409\,x + 9.642$$

其中，x 为 2 月降水总量。

现在的模型：

$$Y_{G1} = 1.300\,X_1 - 3.504\,X_2 - 2.181\,X_3 + 0.675\,X_4 - 3.575\,X_5 + 440.077$$

其中，X_1 为 2 月降水总量；X_2 为上年 12 月平均相对湿度；X_3 为 3 月平均相对湿度；X_4 为 3 月降水总量；X_5 为 3 月最低气温平均值。

一代卵发生量模型比较见表 3-4、图 3-38。

表 3-4　一代卵发生量模型比较

	以前的模型	现在的模型
平均准确率	47.27%	70.21%
平均误差值	−0.002 1	−4.263 7
误差中位数	6.177 4	−4.863 9
误差标准差	33.473 4	30.689 5
误差标准偏差	23.103 1	23.271 5

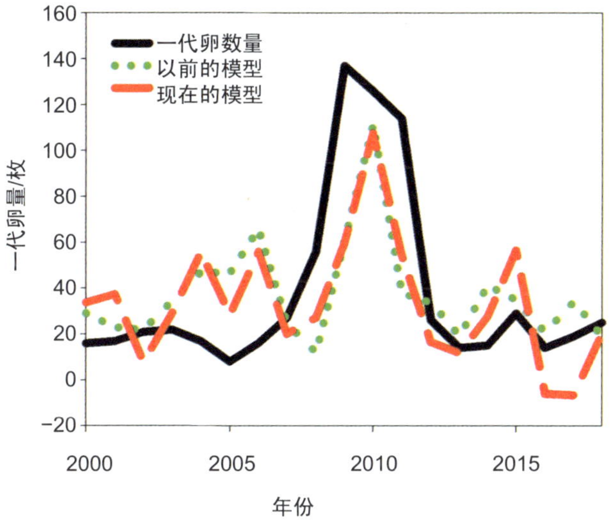

图 3-38　一代卵发生量模型比较

模型优劣分析：一代卵发生在 6—7 月，以前的模型只用一个 2 月降水总量的气象因子，虽然可以做到提前预测，但由于误差中位数和误差标准差较高，造成偏离实际值较大，由于一代卵量的观测数少，1 个数的误差就会明显降低预测准确率；现在的模型使用的气象数据都是 3 月以前的，数据获取不受时间限制，可以做到提高预测准确率的效果，简单、实行、易推广。

2）二代卵发生量模型比较

以前的模型：

$$Y = 2.596\,x + 37.45$$

其中，x 为 2 月降水总量。

现在的模型：

$$Y_{G2} = 1.076\,X_1 - 0.586\,X_2 - 2.046\,X_3 + 0.571\,X_4 + 0.422\,X_5 + 180.311$$

其中，X_1 为一代卵量；X_2 为 2 月降水总量；X_3 为上年 12 月平均相对湿度；X_4 为 3 月降水总量；X_5 为 5 月降水总量。

二代卵发生量模型比较见表 3-5、图 3-39。

表 3-5　二代卵发生量模型比较

	以前的模型	现在的模型
平均准确率	41.96%	91.17%
平均误差值	−0.531 6	−11.719 0
误差中位数	9.834 0	−10.797 3
误差标准差	43.477 0	25.096 3
误差标准偏差	33.028 3	20.367 3

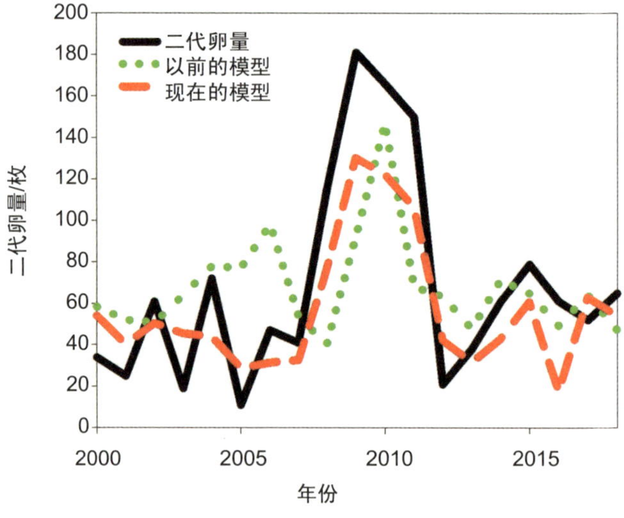

图 3-39　二代卵发生量模型比较

模型优劣分析：以前的模型仅使用 2 月降水量作为预测因子，虽然较为简单方便，但由于误差的标准差和标准偏差较高，因而预测准确率较低；而现在的模型则弥补了这一缺陷，在筛选出多因子后，误差的标准差和标准偏差减小，准确率得到提高，且所用气象因子均为 5 月之前的，二代卵发生在 7—8 月，因而现在的模型不受时间限制，具备预测的提前性，也便于推广。

3）三代卵发生量模型比较

以前的模型：

$$Y = 10.736\,x - 103.261$$

其中，x 为 4 月最高气温平均值。

现在的模型：

$$Y_{G3} = -0.930\,X_1 + 2.108\,X_2 - 1.601\,X_3 - 1.038\,X_4 + 3.508\,X_5 - 170.728$$

其中，X_1 为 4 月最低气温平均值；X_2 为上年 10 月最高气温平均值；X_3 为上年 12 月降水总量；X_4 为 1 月降水总量；X_5 为 2 月平均相对湿度。

三代卵发生量模型比较见表 3-6、图 3-40。

表 3-6　三代卵发生量模型比较

	以前的模型	现在的模型
平均准确率	74.12%	86.68%
平均误差值	−0.001 0	−10.600 2
误差中位数	−0.688 2	−10.165 1
误差标准差	45.085 3	42.874 7
误差标准偏差	36.892 6	34.252 8

模型优劣分析：以前的模型平均误差和误差中位数较小，但误差的标准差和标准偏差较大，造成预测准确率较低；而现在的模型，平均误差和误差中位数较大，但误差的标准差和标准偏差较小，预测准确率较高。二者使用的气象数都是 4 月以前的，而三代卵发生在 8—9 月，所以两个模

型均不受时间限制。但考虑到准确率，现在的模型更值得推广。

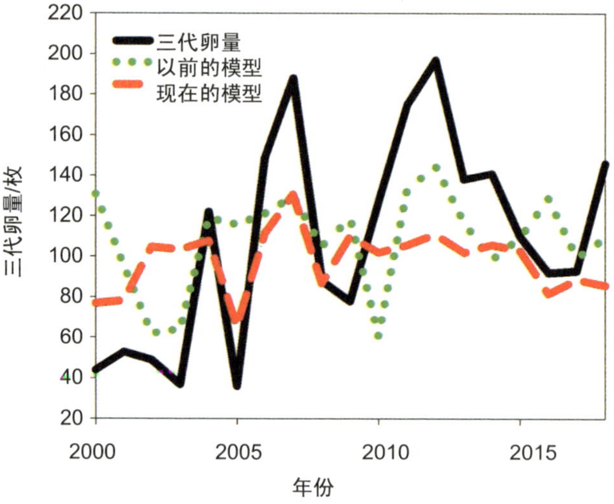

图 3-40　三代卵发生量模型比较

（3）幼虫发生量预测模型比较

1）一代幼虫发生量模型比较

以前的模型：

$$Y = -3.146\,x + 102.769$$

其中，x 为 6 月最高气温平均值。

现在的模型：

$$Y_{G1} = -2.348\,X_1 + 0.155\,X_2 - 0.416\,X_3 - 0.125\,X_4 - 0.139\,X_5 + 111.049$$

其中，X_1 为 6 月最高气温平均值；X_2 为 6 月平均气温；X_3 为上年 12 月平均相对湿度；X_4 为 2 月降水总量；X_5 为 6 月最低气温平均值。

一代幼虫发生量模型比较见表 3-7、图 3-41。

模型优劣分析：以前的模型平均误差和误差中位数较小，误差的标准差和标准偏差也较小，但预测准确率较低；而现在的模型，平均误差和误差中位数较大，误差的标准差和标准偏差较小，但预测准确率较高。原因是个别年份幼虫数量极低，有好几年都为 1 个幼虫，这就使得在这些年份误差小的准确率高，从而提高整体预测准确率；若这几年误差高，则准确率就降低了。因而出现了这种奇怪的现象。若考虑误差值小，则建议推广以前的模型，若考虑整体准确率高，则建议推广现在的模型。

表 3-7　一代幼虫发生量模型比较

	以前的模型	现在的模型
平均准确率	49.09%	94.35%
平均误差值	−0.000 4	−1.281 6
误差中位数	0.670 0	−0.979 8
误差标准差	3.746 2	4.188 1
误差标准偏差	2.770 0	2.805 5

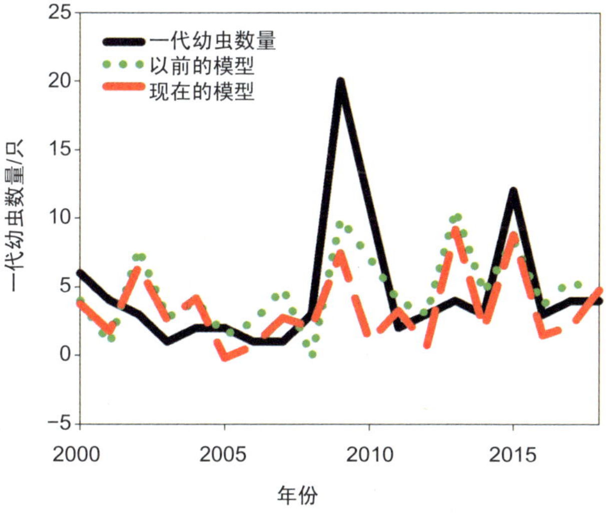

图 3-41　一代幼虫发生量模型比较

2）二代幼虫发生量模型比较

以前的模型：

$$Y_{G2} = 1.340\,X_1 + 0.886\,X_2 + 0.235\,X_3 - 0.019\,X_4 + 0.160\,X_5 - 81.487$$

其中，X_1为 2 月平均相对湿度；X_2为 2 月最低气温平均值；X_3为 2 月降水总量；X_4为 5 月平均相对湿度；X_5为 6 月降水总量。

现在的模型：

$$Y_{G2} = 2.036\,X_1 + 1.949\,X_2 - 158.772$$

其中，X_1为 2 月平均相对湿度；X_2为 4 月最低气温平均值。

二代幼虫发生量模型比较见表 3-8、图 3-42。

表 3-8　二代幼虫发生量模型比较

	以前的模型	现在的模型
平均准确率	70.13%	90.24%
平均误差值	−4.266 0	0.019 0
误差中位数	−4.837 3	−1.210 0
误差标准差	7.758 2	6.276 1
误差标准偏差	6.146 9	5.377 9

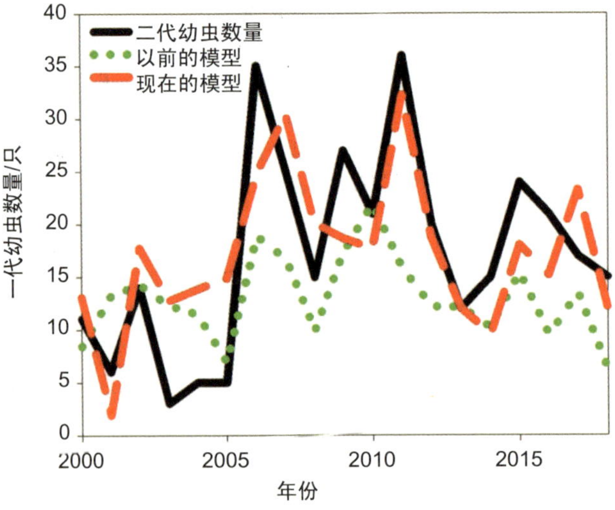

图 3-42　二代幼虫发生量模型比较

模型优劣分析：以前的模型平均误差和误差中位数较大，误差的标准差和标准偏差也较大，需用 5 个预测因子，预测准确率较低（70.13%）；而现在的模型，平均误差和误差中位数较小，误差的标准差和标准偏差也小，只用 2 个预测因子，预测准确率较高。两个模型都使用了 6 月以前的气象数据，而二代幼虫发生在 7—8 月，不受获取数据时间的限制。但以前的模型准确率较低，且使用的预测因子较多，故建议推广现在的模型。

3）三代幼虫发生量模型比较

以前的模型：

$$Y_{G3} = -6.090\,X_1 + 0.189\,X_2 + 0.312\,X_3 - 3.587\,X_4 - 10.187\,X_5 + 654.117$$

其中，X_1 为 1 月最高气温平均值；X_2 为棉花现蕾期；X_3 为 1 月平均气温；X_4 为 1 月平均相对湿度；X_5 为 5 月最低气温平均值。

现在的模型：

$$Y_{G3} = -7.090\,X_1 - 13.356\,X_2 - 4.312\,X_3 - 3.587\,X_4 + 805.823$$

其中，X_1 为 1 月最高气温平均值；X_2 为 5 月最低气温平均值；X_3 为上年 12 月平均相对湿度；X_4 为 2 月平均相对湿度。

三代幼虫发生量模型比较见表 3-9、图 3-43。

表 3-9　三代幼虫发生量模型比较

	以前的模型	现在的模型
平均准确率	67.23%	81.17%
平均误差值	0.111 8	−0.016 5
误差中位数	2.347 6	−0.129 2
误差标准差	18.059 4	14.158 6
误差标准偏差	14.416 7	11.820 3

模型优劣分析：以前的模型平均误差和误差中位数较大，误差的标准差和标准偏差也较大，需用 5 个预测因子，预测准确率较低（67.23%）；而现在的模型，平均误差和误差中位数较小，误差的标准差和标准偏差也

小，只用 4 个预测因子，预测准确率较高（81.17%）。两个模型都使用了 5 月以前的气象数据，而三代幼虫发生在 8—9 月，不受获取数据时间的限制。但以前的模型准确率较低，且使用的预测因子较多，故建议推广现在的模型。

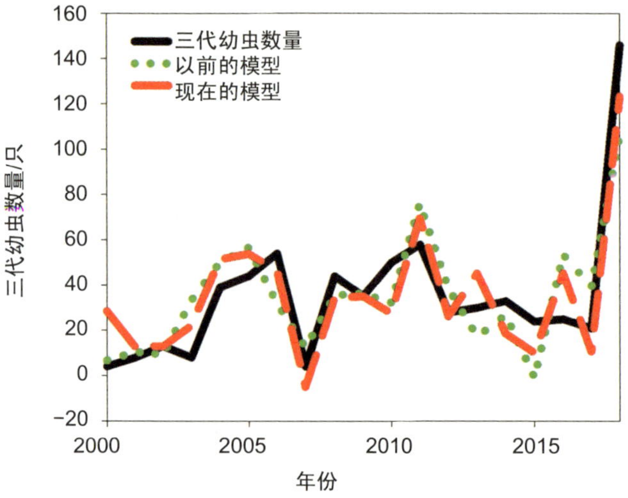

图 3-43　三代幼虫发生量模型比较

3.3.2.2　发生期预测模型比较

因为发生日期的准确程度通常用与实际发生期的误差天数来表示，所以在此分析中不用发生量中的“平均准确率”来作比较，而是综合考虑误差的各项指标来评价其拟合度。

（1）越冬代成虫高峰发生期模型比较

以前的模型：

$$Y_{G0} = -0.327\,X_1 + 0.226\,X_2 + 0.628\,X_3 - 0.257\,X_4 + 3.058\,X_5 + 43.22$$

其中，X_1 为上年 11 月平均气温；X_2 为 4 月降水总量；X_3 为 3 月平均相对湿度；X_4 为 6 月降水总量；X_5 为 6 月最高气温平均值。

现在的模型：

$$Y_{G0} = -1.907\ X_1 + 0.334\ X_2 + 166.804$$

其中，X_1 为上年 11 月平均气温；X_2 为 4 月降水总量。

越冬代成虫高峰期模型比较见表 3-10、图 3-44。

表 3-10　越冬代成虫高峰期模型比较

	以前的模型	现在的模型
平均误差值	1.287 6	−0.007
误差中位数	1.184 0	1.157 2
误差标准差	8.553 4	7.108 9
误差标准偏差	6.622 9	5.619 2

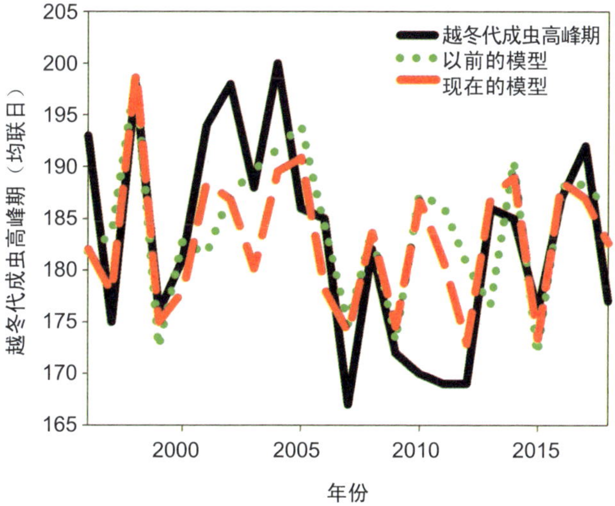

图 3-44　越冬代成虫高峰期模型比较

模型优劣分析：以前的模型和现在的模型在平均误差、误差中位数、误差的标准差和标准偏差区别不是很大，但以前的模型用了 6 月的气象数据，而越冬代成虫的高峰期就在 6—7 月，受获取气象数据时间的限制，预测的提前性较差，只能用作事后验证。而现在的模型使用的是 4 月以前的气象数据，不受获取气象数据时间的限制，预测的提前性较好，另外，误差也小于以前的模型，故建议推广现在的模型。

（2）一代成虫高峰发生期模型比较

以前的模型：

$$Y_{G1}= 0.315\,X_1 + 0.170\,X_2 + 0.377\,X_3 - 1.308\,X_4 + 0.413\,X_5 + 80.469$$

其中，X_1 为越冬代成虫结束日；X_2 为 4 月平均相对湿度；X_3 为 3 月降水总量；X_4 为上年 10 月最低气温平均值；X_5 为越冬代成虫高峰期。

现在的模型：

$$Y_{G1}= 0.820\,X_1 + 0.500\,X_2 + 2.151\,X_3 + 67.491$$

其中，X_1 为越冬代成虫结束日；X_2 为 3 月降水总量；X_3 为 2 月最高气温平均值。

一代成虫高峰期模型比较见表 3-11、图 3-45。

表 3-11　一代成虫高峰期模型比较

	以前的模型	现在的模型
平均误差值	0.458 1	0.085 7
误差中位数	2.427 1	1.790 5
误差标准差	8.464 8	8.236 6
误差标准偏差	7.327 5	7.123 1

模型优劣分析：以前的模型在平均误差、误差中位数、误差的标准差和标准偏差均略大于现在的模型。一代成虫的高峰期发生在 7—8 月，两个模型都使用了 4 月以前的气象数据，因而不受获取气象数据时间的限制，预测的提前性较好，但以前的模型使用了 5 个预测因子，而现在的模型使用 3 个预测因子，误差小，较为简便、易推广，建议推广现在的模型。

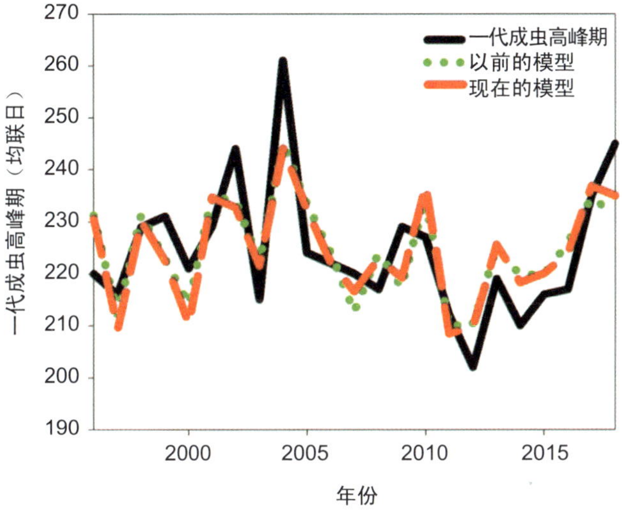

图 3-45　一代成虫高峰期模型比较

（3）二代成虫高峰发生期模型比较

以前的模型：

$$Y_{G2}= 0.315 X_1 + 0.185 X_2 - 0.022 X_3 + 0.042 X_4 - 0.01X_5 + 4.686$$

其中，X_1 为一代成虫高峰期；X_2 为越冬代成虫高峰期；X_3 为 4 月平均相对湿度；X_4 为 4 月最高气温平均值；X_5 为 8 月降水总量。

现在的模型：

$$Y_{G2}= 0.440 X_1 + 0.101 X_2 + 0.316 X_3 - 0.979 X_4 + 0.212 X_5 + 146.151$$

其中，X_1 为一代成虫高峰期；X_2 为一代成虫结束日；X_3 为 4 月平均相对湿度湿度；X_4 为 4 月最高气温平均值；X_5 为 3 月平均相对湿度。

二代成虫高峰期模型比较见表 3-12、图 3-46。

模型优劣分析：以前的模型在平均误差、误差中位数、误差的标准差和标准偏差均略大于现在的模型。二代成虫的高峰期发生在 9 月，但以前的模型中，一个预测因子是 8 月降水，受获取气象数据时间的限制，预测的提前性较差。而现在的模型使用的是 4 月以前的气象数据，因而不受获取气象数据时间的限制，预测的提前性较好。又因现在的模型误差小，较为简便、易推广，建议推广现在的模型。

表 3-12 二代成虫高峰期模型比较

	以前的模型	现在的模型
平均误差值	−1.767 5	−0.056 7
误差中位数	−1.114 8	−0.792 1
误差标准差	7.100 6	6.126 7
误差标准偏差	5.749 9	4.823 8

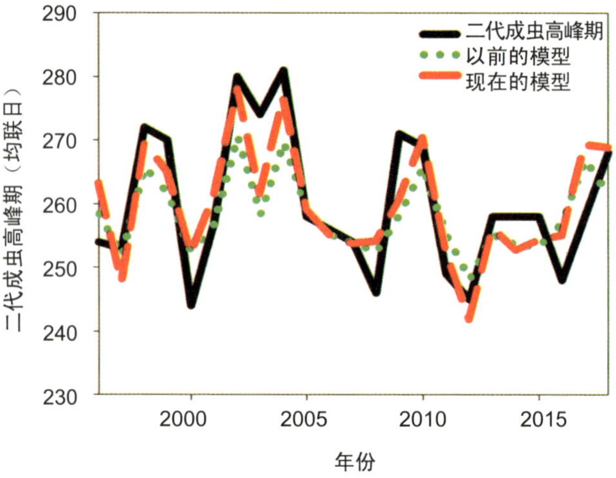

图 3-46 二代成虫高峰期模型比较

3.3.2.3 卵发生期预测模型比较

（1）一代卵高峰发生期模型比较

以前的模型：

$$Y_{G1}= -0.181\ X_3 + 3.317\ X_2 + 53.012$$

其中，X 为 4 月平均气温。

现在的模型：

$$Y_{G1} = -0.816\,X_1 - 0.463\,X_2 + 1.412\,X_3 + 0.372\,X_4 + 0.142\,X_5 + 190.007$$

其中，X_1 为上年 10 月最低气温；X_2 为 1 月降水总量；X_3 为 3 月最低气温平均值；X_4 为 4 月平均相对湿度；X_5 为 4 月降水总量。

一代卵高峰期模型比较见表 3-13、图 3-47。

模型优劣分析：一代卵高峰发生在 6—7 月，而两个模型都使用 4 月以前的气象数据，因而不受获取气象数据时间的限制，预测的提前性较好。以前的模型仅平均误差值小于现在的模型，在误差中位数、误差的标准差和标准偏差均略大于现在的模型，因而拟合度偏离较多，不如现在的模型。因现在的模型误差小，较为简便、易推广，建议推广现在的模型。

表 3-13　一代卵高峰期模型比较

	以前的模型	现在的模型
平均误差值	3.188 4	5.810 9
误差中位数	0.550 9	0.540 1
误差标准差	19.326 4	16.324 4
误差标准偏差	15.167 8	14.134 7

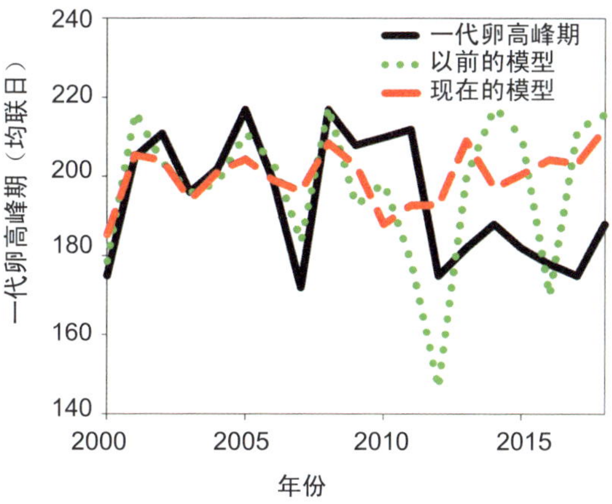

图 3-47　一代卵高峰期模型比较

（2）二代卵高峰发生期模型比较

以前的模型：

$$Y_{G2} = -0.012\, X_3 + 0.641\, X_2 - 9.857\, X + 279.609$$

其中，X 为 6 月降水总量。

现在的模型：

$$Y_{G2} = 0.684\, X + 223.865$$

其中，X 为 3 月降水总量。

二代卵高峰期模型比较见表 3-14、图 3-48。

表 3-14　二代卵高峰期模型比较

	以前的模型	现在的模型
平均误差值	−4.544 7	0.074 6
误差中位数	−3.443 1	1.337 0
误差标准差	17.255 8	12.010 1
误差标准偏差	12.355 9	9.368 2

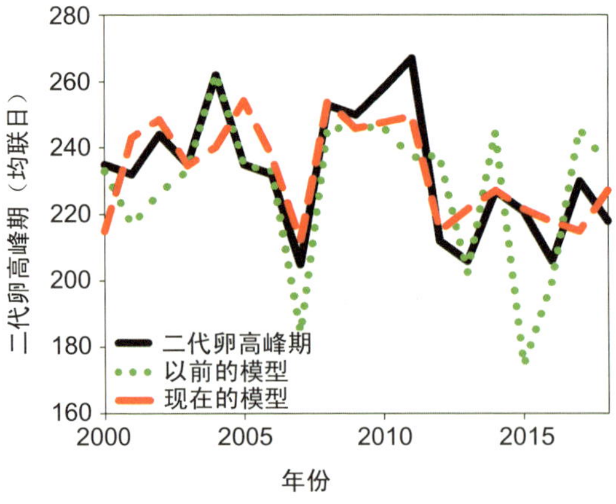

图 3-48　二代卵高峰期模型比较

模型优劣分析：二代卵高峰发生在 8—9 月，以前的模型使用的是 6

月降水，现在的模型使用的是 3 月降水，因而不受获取气象数据时间的限制，预测的提前性较好。但以前的模型在平均误差值、误差中位数、误差的标准差和标准偏差均大于现在的模型，因而拟合度不如现在的模型，偏离较多。因现在的模型误差小，较为简便、易推广，建议推广现在的模型。

（3）三代卵高峰发生期模型比较

以前的模型：

$$Y = 44.483/X + 261.956$$

其中，X 为 6 月降水总量。

现在的模型：

$$Y_{G3} = 0.606\,X_1 + 0.559\,X_2 - 6.543\,X_3 + 263.870$$

其中，X_1 为上年 11 月降水总量；X_2 为 7 月最低气温平均值；X_3 为 1 月平均相对湿度。

三代卵高峰期模型比较见表 3-15、图 3-49。

表 3-15　三代卵高峰期模型比较

	以前的模型	现在的模型
平均误差值	6.295 5	−0.036 8
误差中位数	7.158 2	1.880 0
误差标准差	12.966 8	6.883 8
误差标准偏差	10.422 7	5.366 9

模型优劣分析：三代卵高峰多发生在 9 月，以前的模型使用的是 6 月降水，现在的模型使用的是 7 月以前的气象数据，因而不受获取气象数据时间的限制，预测的提前性较好。但以前的模型在平均误差值、误差中位数、误差的标准差和标准偏差均大于现在的模型，因而拟合度不如现在的模型，偏离较多。因现在的模型误差小，较为简便、易推广，建议推广现在的模型。

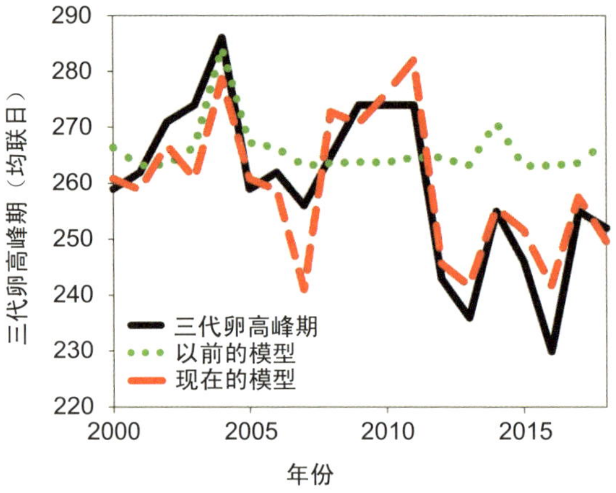

图 3-49　三代卵高峰期模型比较

3.3.2.4　幼虫高峰发生期预测模型比较

（1）一代幼虫高峰发生期模型比较

以前的模型：

$$Y_{G1} = -1.549\,X_1 - 3.867\,X_2 - 0.246\,X_3 + 269.632$$

其中，X_1 为 3 月最低气温平均值；X_2 为 6 月最低气温平均值；X_3 为上年 11 月降水总量。

现在的模型：

$$Y_{G1} = -0.183\,X_1 - 0.225\,X_2 + 1.718\,X_3 + 1.595\,X_4 + 0.947\,X_5 + 62.998$$

其中，X_1为3月最低气温平均值；X_2为上年11月降水总量；X_3为2月平均相对湿度；X_4为上年12月最高气温平均值；X_5为1月降水总量。

一代幼虫高峰期模型比较见表 3-16、图 3-50。

模型优劣分析：一代幼虫高峰期主要发生在 6—7 月，以前的模型使用的是 6 月降水，受获取气象数据时间的限制，预测的提前性较差。现在的模型使用的是 3 月以前的数据，因而不受获取气象数据时间的限制，预测的提前性较好。以前的模型在误差的标准差和标准偏差均大于现在的模型，仅平均误差值、误差中位数小于现在的模型，拟合度不如现在的模型，偏离较多。因现在的模型拟合度较好，较为简便、易推广，建议推广现在的模型。

表 3-16　一代幼虫高峰期模型比较

	以前的模型	现在的模型
平均误差值	−0.000 1	−0.010 9
误差中位数	−0.390 7	−1.000 9
误差标准差	6.240 5	4.649 1
误差标准偏差	4.926 8	3.471 2

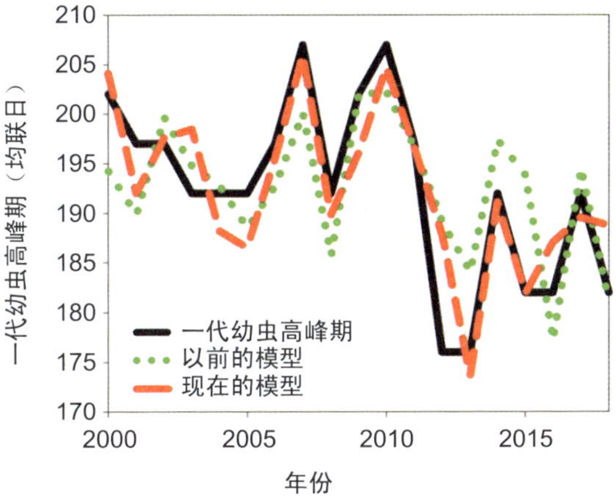

图 3-50　一代幼虫高峰期模型比较

（2）二代幼虫高峰发生期模型比较

以前的模型：

$$Y_{G2}=1.483\ X-52.324$$

其中，X 为一代幼虫高峰期。

现在的模型：

$$Y_{G2}=-0.639\ X_1+1.383\ X_2-1.398\ X_3+0.610\ X_4+428.384$$

其中，X_1为上年 11 月降水总量；X_2为 1 月降水总量；X_3为棉花出苗普遍期；X_4为 2 月降水总量。

二代幼虫高峰期模型比较见表 3-17、图 3-51。

表 3-17　二代幼虫高峰期模型比较

	以前的模型	现在的模型
平均误差值	−0.016 2	−0.041 9
误差中位数	−0.785 0	0.089 3
误差标准差	9.748 7	6.423 5
误差标准偏差	7.106 7	4.688 4

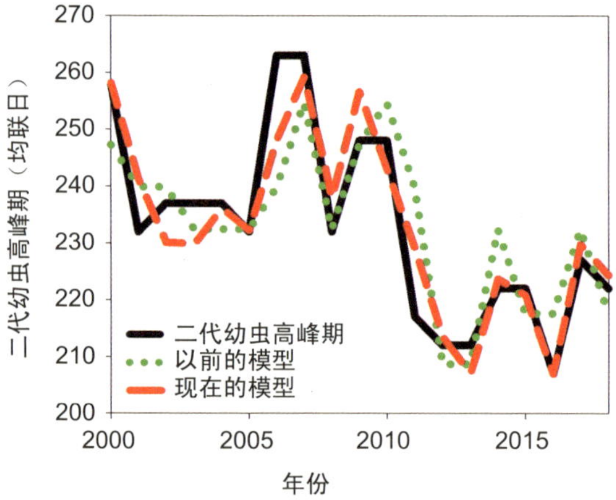

图 3-51　二代幼虫高峰期模型比较

模型优劣分析：一代幼虫高峰期主要发生在 6—7 月，而二代幼虫高峰期主要发生在 7—8 月，以前的模型使用一代幼虫高峰期，受获取田间记录时间的限制，预测的提前性较差。现在的模型使用的是 2 月以前的数据，因而不受获取气象数据时间的限制，预测的提前性较好。以前的模型在误差中位数、误差的标准差和标准偏差均大于现在的模型，仅平均误差值略小于现在的模型，拟合度不如现在的模型，偏离较多。因现在的模型拟合度较好，较为简便、易推广，建议推广现在的模型。

（3）三代幼虫高峰发生期模型比较

以前的模型：

$Y_{G3}=0.459\,X_1+0.130\,X_2+0.155\,X_3-0.074\,X_4+0.523\,X_5+138.358$

其中，X_1 为一代幼虫高峰日；X_2 为二代幼虫高峰日；X_3 为 2 月降水总量；X_4 为上年 11 月降水总量；X_5 为 2 月平均相对湿度。

现在的模型：

$$Y_{G3}=0.589\,X_1+1.649\,X_2+261.791$$

其中，X_1 为 2 月降水总量；X_2 为 2 月最高气温平均值。

三代幼虫高峰期模型比较见表 3-18、图 3-52。

表 3-18　三代幼虫高峰期模型比较

	以前的模型	现在的模型
平均误差值	−1.304 7	0.021 4
误差中位数	−0.197 2	0.643 0
误差标准差	9.134 9	6.653 2
误差标准偏差	7.106 4	5.042 7

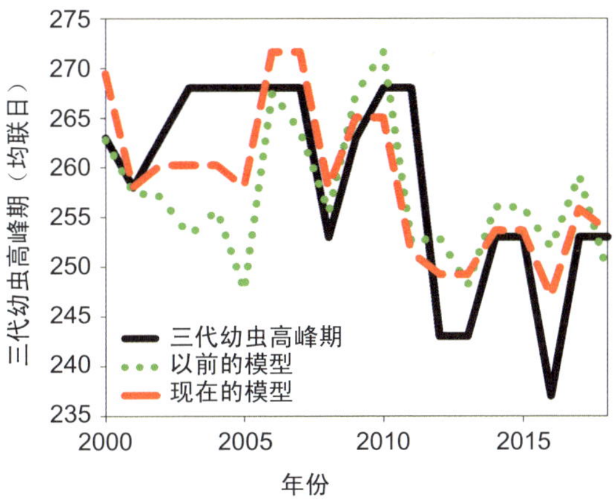

图 3-52　三代幼虫高峰期模型比较

模型优劣分析：一代幼虫高峰期主要发生在 6—7 月，二代幼虫高峰期主要发生在 7—8 月，三代幼虫高峰期主要发生在 8—9 月，以前的模型使用一代、二代幼虫高峰期，受获取田间记录时间的限制，预测的提前性较差。现在的模型使用的是 2 月以前的数据，因而不受获取气象数据时间的限制，预测的提前性较好。以前的模型在平均误差值、误差的标准差和标准偏差均大于现在的模型，仅误差中位数略小于现在的模型，拟合度不如现在的模型，偏离较多。因现在的模型拟合度较好，较为简便、易推广，建议推广现在的模型。

3.3.3 小结

对沙湾县 1996—2018 年棉铃虫的发生量模型综合评价发现，以前的模型无论是平均准确率，还是误差的各项指标均差于现在的模型（表 3-19），造成偏离真实值较大，且以前的模型有的受气象数据获取时间的限制，所作出的预测提前性较差，不利于预测和防治。而新的模型考虑到了这一点，且相对简单、准确，有推广前景。

表 3-19 新旧模型发生量的比较

	以前的模型	现在的模型
平均准确率	55.58%	84.34%
平均误差值	−44.851 0	−3.121 1
误差中位数	−4.113 4	−0.201 1
误差标准差	118.596 3	63.208 3
误差标准偏差	79.416 7	48.223 2

对于发生期模型的综合评价，主要从误差的各项指标来讨论其拟合度。以前的模型尽管在平均误差值、误差中位数方面好于现在的模型，但在误差标准差和标准误差值上都劣于现在的模型（表 3-20），造成偏离真实值较大，且以前的模型有的受气象数据获取时间的限制，所作出的预测

提前性较差，不利于预测和防治。而新的模型考虑到了这一点，且相对简单、准确，有推广前景。这从新旧模型的对比中也得到了印证。

表 3-20　新旧模型发生期的比较

	以前的模型	现在的模型
平均误差值	0.399 6	0.648 8
误差中位数	0.598 8	0.627 1
误差标准差	10.976 8	8.268 4
误差标准偏差	8.531 8	6.626 4

由于模型涵盖气象、虫害及作物的相关数据，对于普通种植户来说，理解、掌握和获取这些数据都有难度，为此对沙湾县植保部门的技术人员进行了培训，之后由这些技术人员结合本地实际发生情况，并预测虫情，将信息发给相关种植户进行防治。对于会操作电脑的农民，沙湾县技术人员对其进行培训，并提供相关数据后，农民自己也可操作软件。

将这些模型集成在一个软件便于推广使用，软件界面如下：

将所有模型分类列于左侧，按所需预测的要素选择后，输入相关因素，即可预测，如下图：

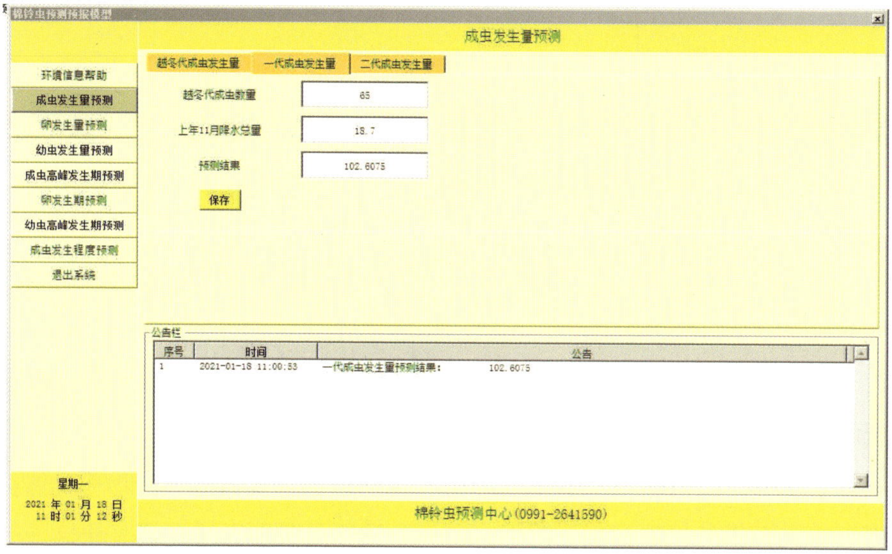

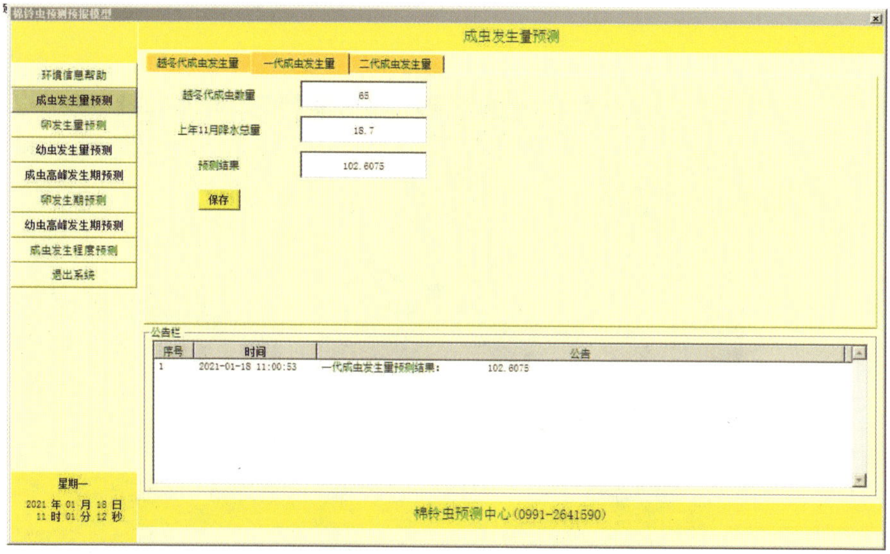

第 4 章

硫丹替代与淘汰示范区建设

4.1　新疆维吾尔自治区示范区建设情况*

4.1.1　基本情况

2020 年，新疆棉花产量已占全国总量的 87.3%，新疆棉花总产、单产、种植面积、商品调拨量连续 26 年位居全国第一。作为我国最大的棉花生产区，新疆棉区使用硫丹始于 20 世纪 90 年代末棉铃虫暴发期间。由于硫丹杀虫谱广、选择性强、作用方式多样、与其他农药无交互抗性，常被推荐应用于棉花害虫的综合防治，也被当作防止或控制农药化学抗性的交替使用的农药品种。据统计，1996—2006 年的 10 年间，新疆硫丹用量 3 500 t，用量最大的作物为棉花。2014 年，新疆硫丹实际商品用量 109.72 t，2015 年，实际商品用量 84.56 t，约下降 23%，然而新疆棉区硫丹使用量依然较大，是我国硫丹禁用的重点区域。

4.1.2　示范区的选择

对照项目对示范区域的要求，经过反复论证，从符合条件的项目实施地点：玛纳斯县、沙湾县、乌苏市、精河县 4 个县市中，确定最终项目实施地点为新疆维吾尔自治区塔城地区沙湾县。沙湾县具有如下优势：

①沙湾县棉花种植面积稳定在 150 万亩左右，占新疆棉花种植总面积的 6%以上；500 亩及以上连片种植棉花的田块占沙湾县棉花种植面积的 80%左右；棉花生产上，沙湾县棉花栽培模式、管理水平在北疆棉区具有代表性，籽棉单产约 350 kg/亩。

②在棉花棉铃虫的防治中，硫丹的应用主要分布在新疆北部的乌伊公路沿线棉区，沙湾县处在该棉区的中心地带，有较强的示范和辐射带动效应。硫丹因其价格便宜，仍然是沙湾县农户防治棉铃虫、棉蚜所选择和使

---

* 本节由余浪、刘炳辉完成。

用的主要药剂之一，同时，沙湾县每年种植加工番茄约 4 万亩、辣椒约 6 万亩，棉铃虫也是这两种作物的主要害虫，而硫丹在这两种作物上施用则残留危害更大。近年来，虽然硫丹的用量有所下降，但仍然维持在每年 20 t 左右商品量，占新疆硫丹全部用量的 20%～25%，高于其他 3 县市。

③沙湾县在棉花害虫的预测预报和综合防治技术上具有很强的实力，具有从事植保工作的技术人员 12 人，其中，推广研究员 2 人、高级农艺师 1 人、农艺师 3 人（博士 1 人，硕士 3 人），推广工作经验丰富。

④沙湾县具有较好的农作物病虫害绿色防控和统防统治工作基础，农业合作社发展较好，农事作业机械化（95%以上）和组织化（80%以上）程度高，在新疆植棉县市中均为第一，便于替代技术、产品的示范和推广。

4.1.3 示范区建设

4.1.3.1 建立硫丹替代综合技术体系

以筛选高效、低毒、环保的新型农药品种和高效杀虫技术为切入点，项目组在沙湾县大泉乡双泉农业专业合作社建立 1 500 亩试验田，通过田间小区筛选试验（图 4-1），研究了解甲氨基阿维菌素苯甲酸盐、氟虫双酰胺、印楝素等新农药，阿维菌素+氯虫苯甲酰胺、甲维盐・虱螨脲、氟铃・茚虫威等新剂型，棉铃虫食诱剂、棉铃虫性信息素、螟黄赤眼蜂、棉铃虫 NPV 病毒、甘蓝夜蛾棉铃虫 NPV 病毒、Bt、短稳杆菌等生物制剂，以及棉铃虫诱蛾罐+性诱剂、频振式杀虫灯等新药械对棉铃虫的防治效果。

通过与硫丹在综合防效、经济效益及操作简便等方面的比较，试验筛选出了棉铃虫性信息素、氯虫苯甲酰胺、棉铃虫 NPV 病毒和 Bt 4 种最佳硫丹替代方法，短稳杆菌、氟苯虫酰胺和甲维盐・虱螨脲 3 种与硫丹防效相当的防治方法。这些农药品种可以作为高毒农药硫丹的替代品种。

药剂筛选试验　　　　试验数据调查

图 4-1　替代农药筛选试验

同时，结合现有棉铃虫防治方法，在沙湾县建立了适宜新疆棉区的棉田硫丹替代综合技术体系。一是推广低毒低残留农药。扩大低毒生物农药的施用范围，加速生物农药、高效低毒低残留农药的推广应用，例如，使用科云棉铃虫 NPV 核型多角体病毒、Bt 乳剂等生物农药替代高毒农药。二是强化关键环节科学用药。大力推广种子包衣、种子药剂处理、棉田虫害的物理防治等技术措施，减少化学农药大田喷施防治次数。三是大力推广使用频振式杀虫灯等物理防治技术控制棉铃虫的发生危害。四是提升装备水平。鼓励农民合作社更新使用自走式喷杆喷雾机、远程喷枪喷雾机、植保无人机等大中型施药机械，整体提升施药作业效率，提高喷药质量和农药利用率。五是大力推广激健等农药减量控害助剂的推广使用，降低每亩棉田实际的农药使用量。六是强化病虫监测预警。通过对农作物病虫害发生情况的定点系统调查和大田普查，及时发布《农作物病虫害预测预报》信息，指导合作社、种植户提前预防和进行大面积专业化的统防统治。

4.1.3.2　硫丹替代技术的示范与推广

紧密结合当前我国农药管理的方针政策，切实解决棉田高毒农药硫丹替代后的害虫防治难题，重点针对新疆棉区，分别在沙湾县大泉乡双泉农业专业合作社、四道河子镇聚力机采棉专业合作社、商户地乡瑞祥农业专业合作社、金沟河镇宏基农机服务专业合作社，以及库尔勒市、伽师县选定的农民合作社，设立了 8 个硫丹替代防治技术示范区，开展硫丹替代技术和产品的大田示范推广（图 4-2）。

农药减量示范

大型植保机械田间作业

图 4-2　硫丹替代技术和产品的大田示范

一是替代药剂的示范推广。在技术示范区推广600亿 PIB/g 棉铃虫 NPV 核型多角体病毒、5.7%甲氨基阿维菌素苯甲酸盐、0.3%印楝素乳油、30%氟铃·茚虫威，激健（农药减量控害助剂）等生防药剂、高效低毒化学农药、减量增效助剂等硫丹替代技术，累计推广面积达300万亩以上。

二是物理防治措施的示范推广。推广使用频振式太阳能杀虫灯 6 000 余盏，累计有效防治面积达 60 万亩以上，防治效果达 85%以上。

三是提升装备水平。鼓励农民合作社更新使用自走式喷杆喷雾机、远程喷枪喷雾机、植保无人机等大中型施药机械，整体提升施药作业效率，提高喷药质量和农药利用率，累计推广实施智能化变量施药植保机械防治面积 20 万亩以上。

四是积极开展统防统治。组织农业专业合作社开展专业化统防统治面积累计达 280 余万亩。

五是推广应用农药助剂。通过农药减量控害助剂的推广使用，降低每亩棉田实际农药使用量的 20%左右。

4.1.3.3　建立并强化虫害和硫丹使用监测系统

为了提高农作物病虫害监测预报的准确率，提升农作物病虫害监测技术水平，更好地完成硫丹替代，在原有病虫害监测预报系统基础上通过政府采购购买了远程拍照式自动虫情测报灯、远程无线田间气候监测站、害虫远程实时监测系统等监测设备，改进并强化虫害和硫丹使用监测系统，在农作物病虫害准确监测预报的基础上做到科学防控，最大限度地减少化学农药的使用量，保护天敌等农田生态环境。

通过自动监测设备的即时数据再辅助自动虫情测报灯、诱蛾罐监测数据，配合小型气候监测站收集的气象数据资料，及时准确地预报出棉铃虫等重点监测防治害虫的羽化始盛期、高峰期、羽化数量等指标，从而有针对性地指导棉铃虫大田防治工作，减少农田施药量，以实现科学替代、减量控害的目标。

4.1.4　培训与宣传

4.1.4.1　技术培训

采取示范与推广相结合、科普与培训相补充的推广模式，以田间为课堂，采用启发和参与的形式，对棉区农民进行现场培训。通过在各示范区开展田间展示、现场指导和集中培训，以点带面，以村带县，向棉区农民传授高毒农药硫丹替代技术，指导棉农正确选药、科学防虫。

图 4-3　对棉农进行替代技术培训

4 年来，累计在沙湾县植棉乡镇举办棉花病虫害绿色防控“田间课堂”86 场次，召开棉花病虫害绿色防控工作“现场会”28 场次，举办各类棉花病虫害综合防治、硫丹淘汰项目“科技之冬”培训班 140 场次，植保机械使用维修与科学安全使用农药培训 19 场次，累计培训农业技术人员、合作社理事长、种植大户、棉农等 8 800 余人次。同时，组织新疆棉花种植县、市技术人员 20 余人参加全国农业技术推广服务中心在甘肃敦煌开展的棉田硫丹技术培训，提高棉区对硫丹环境风险的认知和替代技术水平。

通过各类培训，使棉农较为全面地认识和了解了硫丹的残留药害、淘汰硫丹等限制使用农药的必要性等，督促和指导农户在具体的农作物虫害防治过程中能够使用低毒、高效、低残留的农药产品，对硫丹产品进行替代。

4.1.4.2　宣传情况

一是在项目示范区积极组织农业技术员、合作社社员、棉花种植大户等150余人，开展硫丹替代技术复制推广宣传活动4次。同时，协助全国农业技术推广服务中心组织天津、河北、山西、辽宁、新疆等25个省（自治区、直辖市）、新疆生产建设兵团和部分市、县级植保机构、全国棉花绿色防控技术示范区、国家重点研发计划棉花农药减施增效项目示范县、市植保站的植保技术人员共60人，现场观摩应用微生物农药、性诱剂、食诱剂、螟黄赤眼蜂、生态友好型药剂防治棉铃虫、棉蚜、棉蓟马等硫丹替代技术试验，并邀请中国科学院、中国农业科学院等单位的知名专家针对硫丹替代技术集成进行了田间辅导。

图 4-4　宣传推广活动

二是制作中国淘汰硫丹宣传片 1 部、宣传光盘 500 张、硫丹宣传使用明白纸 2 万张及农时挂历 2 万本，在沙湾县、库尔勒市、伽师县全域进行硫丹淘汰技术复制推广，宣传硫丹淘汰项目的背景、必要性以及替代技术措施。

4.1.5 项目取得的效益

棉田高毒农药硫丹替代防治技术是一项以高效、低毒、环保型农药品种为载体，以优化农药施用方式、推广应用物理防治等新型虫害防控技术为依托，通过技术推广、宣传培训等方式，大力转变和提高棉区农民的科学用药水平和防治成效，减轻高毒农药硫丹等带来的环境污染、害虫抗性上升、防除成本上升等问题。实施 4 年来，生态效益和社会效益十分显著。

4.1.5.1 生态效益

棉田硫丹替代防治技术，选用了低毒、安全、环境友好型农药品种，减少了田间的施药量和施药次数，因而减少了对生态环境的破坏，有效保护了自然天敌，使棉田生态环境得到了明显改善。据调查统计，硫丹替代示范区棉田，农药使用量减少 5%以上，捕食性天敌数量明显增加，田间生态环境得到了明显改善，生物多样性水平也得到了较大提高。

4.1.5.2 社会效益

棉田硫丹替代防治技术的推广和应用，同样取得了显著的社会效益。具体体现在：一是棉农和基层农技人员的科技素质明显提高。项目实施以来，示范区 3 000 余名棉农得到了现场指导并听取了专家授课，培养了一大批懂技术、善管理的植棉带头人，扭转了大量、单一、无节制地使用高毒农药品种的现状。二是开辟了一条科技入户的新途径。本项目以举办“田间课堂”的形式，进行棉田硫丹替代防治技术的推广，体现了服务棉区、造福棉农的理念。

通过推广和应用棉花虫害绿色防控技术，在开展棉花虫害防控硫丹替代技术试验示范推广和农民培训，逐步淘汰硫丹在新疆植棉区的应用，大幅提升了棉花虫害绿色防控能力，提高了农户的生态环保意识，促进了生态新疆建设。

4.2 新疆生产建设兵团示范区建设情况*

4.2.1 基本情况

新疆生产建设兵团（以下简称兵团）作为全国主要的棉花种植基地，同时也是国家大型优质棉生产基地，棉花种植面积占新疆的 1/3，产量约占全国的 1/6。据统计，2015 年，兵团植棉面积为 918 万余亩，棉花总产皮棉 148 万余 t，棉花产量占全国的 1/4。

据调查，2009—2011 年兵团硫丹年使用量在 200 t 左右，近年使用量逐渐减少，2014 年兵团硫丹年使用量在 100 t 左右。使用常用剂型为 35%（350 g/L）乳油，主要用于棉花作物上的棉铃虫防治，同时兼治棉蚜、棉盲蝽、棉蓟马等。

4.2.2 硫丹替代和绿色防控技术核心示范区建设

近年来，兵团共建立硫丹替代示范区及绿色防控和专业化统防统治融合示范基地 100 多个，核心示范面积 300 万亩次以上，辐射带动 1 200 多万亩次。示范区通过大力推广食诱剂、性诱剂、生物防治、频振式杀虫灯、高效低毒农药、施药技术配套、病虫害统防统治等硫丹替代技术和绿色防控技术，完全杜绝了硫丹的使用，核心示范区绿色防控技术到位率达 80%以上，综合防控效果达 90%以上，各类示范区农药使用量均较对照区减少 5%～30%。辐射带动区的绿色防控技术到位率达 70%以上，综合防控效果

---

* 本节由马江锋完成。

达 80%以上，化学农药使用量减少 10%以上，病虫危害损失率控制在 10%以下。项目实施以来，示范区主要开展的工作如下：

一是推广高效、低毒、低残留农药、生物农药及理化诱控技术。推广使用科云棉铃虫 NPV 核型多角体病毒、甲维盐、阿维菌素等生物农药制剂来替代硫丹，扩大生物农药及技术的施用范围，加速生物农药，高效、低毒、低残留农药的推广应用；大力推广使用黄板诱蚜、频振式杀虫灯和食诱剂诱杀棉铃虫成虫等物理防治技术来控制棉铃虫的发生，减轻棉铃虫的发生程度，减少危害损失，降低用药次数。

图 4-5　频振式杀虫灯诱杀棉铃虫

二是根据病虫情报做好适时用药、科学用药。加大病虫测报力度，通过及时发布病虫情报，掌握病虫害防治关键时期，做好适时用药、科学用药，做好统防统治工作，贯彻统一合理用药措施。同时大力推广种子包衣、铲埂除蛹、秋耕冬灌、物理防治等综合防治技术，以减轻棉田虫害的危害，减少大田防治次数。

三是提高农药使用率。积极示范推广引进新型高效植保机械及无人机施药技术等，整体提升施药作业效率，提高喷药质量和农药利用率，减少农药的使用。同时，通过添加农药有机硅助剂和减量助剂提高药效，从而减少农药的使用量，实现绿色防控目标。

四是有针对性地开展硫丹替代产品及技术的田间试验示范工作，做好硫丹替代产品及技术的储备。累计在棉花上开展各类筛选试验 50 余项，筛选出棉铃虫 NPV、甲维盐、英威、力作、呋虫胺及棉铃虫食诱剂等硫丹替代药剂近 10 种。试验结果表明，这些药剂及防治技术对棉铃虫、棉蚜等具有较好的防治效果，且对环境友好，可以作为高毒农药硫丹的替代品种和储备药剂。

4.2.3　病虫害数字化监测预警能力建设

利用杀虫灯、性诱剂、糖浆瓶、食诱剂，以及太阳能虫情测报灯等监测手段，建立棉花病虫害测报网络体系，监测主要病虫害的发生动态，及时发布病虫害情报，在重大病虫害发生关键期及时发布预警信息，上下联动，将病虫害发生控制在源头，确保病虫害不暴发、不经常发生。及时下发《兵团棉花重大病虫害应急预警及防控预案》，指导棉花病虫害防治工作。在棉花病虫害发生关键期，积极组织开展棉花病虫趋势会商，认真研判重大病虫害发生趋势，明确重点防控对象、关键区域和最佳防控时间，准确发布病虫预报和防治警报。

根据棉花病虫害发生情况，每年发布棉花病虫情报至少 6 期，重大病虫害预警情报 3 期，兵团各级发布各类病虫情报 175 期以上，为棉花病虫害的防治提供了理论依据，确保棉花病虫害不经常发生，从源头上减少防治次数，降低农药使用量。

4.2.4　管理制度与能力建设

（1）加强病虫害防控及用药安全指导

根据历年试验情况，兵团在广泛征求各师意见的基础上，制定下发《兵团重点推广农药械品种目录》，推广高活性、高效低毒低残留的硫丹替代药剂，有效地指导团场科学合理地使用品质和效果有保证的农药，提高了病虫害防治效果。同时，每年年初兵团制定《兵团主要作物重大病虫害防控技术方案》，并下发各师，对当年棉花病虫害防治起到了指导作用。并在每年的病虫害发生关键时期，通过现场调研及其他途径，掌握棉花病虫害发生动态，及时推荐防治药剂及防治时期，开展多层次、多形式的科学安全用药技术宣传培训与指导，做好病虫害绿色防控指导工作。

兵团制定《兵团棉田棉铃虫硫丹替代及绿色防控技术预案》及配套技术规程。形成兵团棉田主要害虫绿色防控预案和棉花病虫害绿色防控技术集成化简表，建立棉铃虫、棉蚜和棉叶螨等棉田主要害虫综合防控长效机制。同时，兵团制定兵团棉花“三虫”测报调查规范、兵团棉田棉铃虫防治用药技术规程、苘麻诱集（带）监测和防治棉铃虫技术和杨枝把上喷施草酸提高诱集棉铃虫效果等配套技术规程。

（2）开展硫丹生产企业专项调研及市场抽检

兵团开展了兵团范围内硫丹生产企业专项调研，摸清了兵团范围内硫丹生产企业情况。截至 2017 年年底，兵团范围内没有进行硫丹生产的企业。同时，兵团开展了农资市场抽查工作，重点抽查硫丹的销售情况，在随机抽取的近200家农药经销门店中通过查询销售台账等方式未发现硫丹相关产品的销售，抽检的 1 500 多个农药批次中，未发现硫丹的使用和隐性成分的添加。通过走访职工，了解到近年来随着宣传力度的加大，兵团在棉铃虫及蚜虫的防治药剂选择方面逐渐向低毒、高效、低残留、环保型农药方向发展，已完全实现硫丹的淘汰和替代。

同时，兵团加大农药市场监管力度，严厉打击农药制假售假行为，督促各师加强对本辖区农药市场的监管工作，切实提高农药产品质量，加大对禁限用农药的打击和查处力度，为硫丹替代和绿色防控技术的推广应用提供了产品保证。

4.2.5 培训与宣传

（1）技术培训

兵团通过组织专题培训、实地观摩、示范展示、现场指导等多种形式，推广普及硫丹替代技术和绿色防控技术，使广大职工和农药经营者亲身感受绿色防控的好处，增强自觉应用意识。项目执行以来，兵团通过线上和线下相结合的方式共举办硫丹淘汰和绿色防控技术培训班 120 期，现场观摩会 8 场，编制培训手册 500 册，培训 8 000 余人次（图 4-6）。

图 4-6　开展各类培训及交流工作

（2）宣传情况

兵团充分利用电视、广播、报纸、微信公众号、QQ 群、互联网等，大力宣传淘汰硫丹和绿色防控的好经验、好措施、好典型，为工作推进营造良好的舆论氛围。结合农时季节兵团组织技术人员及职工代表到硫丹淘汰和绿色防控示范区学习观摩，以点带面，推动绿色防控工作的全面开展。项目实施以来，兵团累计编印硫丹淘汰宣传手册 500 册，下发到广大技术人员及职工手中，编制宣传画 1 000 册，在项目实施单位及相关植棉团场进行了张贴，介绍宣传硫丹替代产品及技术（图 4-7）。

图 4-7　病虫害防治现场指导及宣传画张贴

4.2.6　取得的主要成效

棉田硫丹替代技术和绿色防控技术实施 4 年来，社会效益和生态效益十分显著。

（1）社会效益

一是硫丹在兵团范围内完全被淘汰、替代，硫丹替代技术得到大面积推广应用，对农田害虫的防治效果明显。

二是绿色综合防控技术推广率逐年提高，绿色防控意识不断增强。通过随机走访调查种植户和农药经销人员，其对硫丹淘汰项目的知晓率达 85%以上，对绿色农业发展的支持率达 90%以上，对科学植保、公共植保、绿色植保的知晓率达 90%以上，对生物农药的知晓程度明显提高。

（2）生态效益

一是科学用药水平明显提升，施药质量不断提高。通过硫丹替代技术和绿色防控技术的宣传与培训，兵团各级的农药科学使用水平显著提高，中、高毒农药使用量逐年减少或消失，严格按照禁限用农药使用规定安全使用农药。通过不断引进和改进高效植保机械，兵团主要农作物的农药利用率提高到 40%以上，同时，高效、低毒、低残留农药使用比例明显提高。

二是化学农药使用总量持续减少，生物农药持续增加。兵团农药使用量（折百量，下同）由 2015 年的 1 188.36 t 下降到 2020 年的 1 084.56 t，减少农药使用量 103.8 t，减少了 8.73%。硫丹使用量由 2005 年的 200 t 左右下降到目前的 0 t，实现了硫丹的淘汰和替代。高效、低毒、低残留和生物农药占农药使用量的 90%以上。职工施药次数平均减少 1～2 次，其中，小麦、玉米病虫害施药次数减少 1.5 次左右，棉花施药次数减少 2 次左右，职工施药量总体呈下降趋势。

第 5 章

PPP 模式在绿色防控技术推广领域的运用方式研究

5.1　背景

为了更好地推广硫丹替代技术，需要研究相关的推广模式。本章开展 PPP 模式在持久性有机氯农药淘汰（替代）中的运用方式研究，以期为相关技术的推广与应用提出合适的 PPP 运用方式和相关政策建议。

5.2　PPP 模式国内外研究概况

5.2.1　PPP 模式基本情况

5.2.1.1　产生与发展

第二次世界大战后，世界各国基础设施项目的主要资金来源于政府，但随着基础设施的不断扩建和人们对公共设施服务要求的提高，政府一方面面临减少公共债务的压力，另一方面又要发展基础设施，给国家财政带来了巨大压力。20 世纪 70 年代以来，西方国家开始尝试在公共服务领域推行公私合作，通过引入竞争机制，克服政府单一提供公共服务的弊端，以解决政府因长期独立支撑公共服务和基础建设导致的财政赤字和债务负担过重，进而影响公共服务质量和效率等现实问题。

英国于 1970 年已经开始尝试政府部门与民间合作推动基础设施建设的模式，最初政府将服务业务的运营外包给民间，以减轻政府财政负担。直至 20 世纪 80 年代，英国不断扩大政府部门与私人部门的合作范围，从早期的政府服务外包扩大到基础设施建设、公共服务管理以及政府投资项目开发等领域。1992 年，在英国政府报告中第一次出现了 PFI（Private Finance Initiative）模式，即现在通行的 PPP（Public-Private Partnerships）

* 本章由马小艳、张扬完成。

模式。PPP 模式因融合了公私双方在资金、技术、资源管理等方面的优势，引起世界各国效仿，美国、加拿大、法国、澳大利亚等发达国家率先采用，并形成了相当成熟的发展模式。随后，以中国、南非、菲律宾为主的广大发展中国家也开始学习借鉴，陆续在国内大力推广 PPP 模式。如今，在全球范围内 PPP 模式已经得到了十分广泛的认可和应用。其适用范围从传统公共产品供给领域，如交通运输、能源输送、医疗卫生等，拓展到了公共教育、信息传递、环境保护，甚至是国防、航天等领域。例如，1998 年的法国世界杯体育场馆和 2008 年北京奥运会国家体育场馆就是采用 PPP 模式建设和运营的。据世界银行统计（图 5-1），2000—2019 年全球实施 PPP 项目共计 7 148 个，总投资额达到 13 967.8 亿美元，涉及电力、交通、能源、污水处理等项目，仅 2019 年投资总额就高达 844.7 亿美元，已经形成了较大规模的经济效益与社会效益。

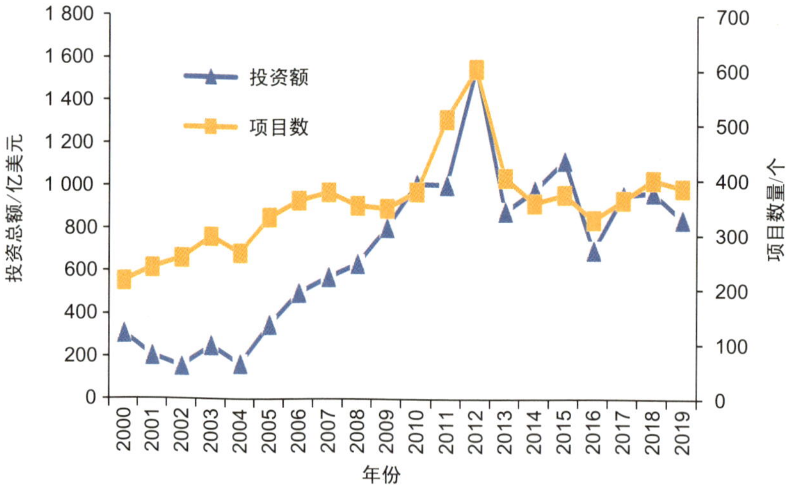

图 5-1　2000—2019 年全球 PPP 项目数量和投资总额

数据来源：Word Bank，2019。

注：世界银行 PPP 概念与中国 PPP 概念有所不同，统计口径存在差异。

5.2.1.2　PPP 模式的概念

关于 PPP 的概念目前还没有一个公认的说法，其本身意义非常宽泛，加之意识形态的不同，要想使世界各国对 PPP 的确切内涵达成共识是非常困难的。以下列举了几条有代表性的定义，供大家参考。

联合国开发计划署（The United Nations Development Programme，UNDP）给出的定义是：政府、营利性企业和非营利性组织基于某个项目而形成的相互合作关系的形式。通过这种合作形式，合作各方可以达到比预期单独行动更有利的结果。合作各方参与某个项目时，政府并不是把项目的责任全部转移给私人部门，而是由参与合作的各方共同承担责任和融资风险。

联合国训练研究所（U. N. Institute for Training and Research，UNITAR）给出的定义是：涵盖了不同社会系统倡导者之间的所有制度化合作方式，目的是解决当地或区域内的某些复杂问题。PPP 包含两层含义，其一是为满足公共产品需要而建立的公共和私人倡导者之间的各种合作关系；其二是为满足公共产品需要，公共部门和私人部门建立伙伴关系进行的大型公共项目的实施。

世界银行（World Bank）给出的定义是：政府和私人联合推动公共基础设施建设而建立的长期合作关系，私人部门负责建设、经营，承担经营风险和相应责任；政府负责监管。

欧盟委员会（European Commission）给出的定义是：公共部门和私人部门之间的一种合作关系，其目的是提供传统上由公共部门提供的公共项目或服务。

美国 PPP 国家理事会（National Council for Public-Private Partnerships，NCPPP）给出的定义是：介于外包和私有化之间，并结合了两者特点的一种公共产品提供方式，它充分利用私人资源进行设计、建设、投资、经营和维护公共基础设施，并提供相关服务以满足公共需求。

在我国，不同的部门从不同角度也有不同的解释。对英文Public-Private

Partnerships也有很多种译法，如公私伙伴关系、官方/民间的合作、民间开放公共服务、公共民营合作制等。

财政部在《财政部关于推广运用政府和社会资本合作模式有关问题的通知》中，将PPP模式定义为：为了更好地提供公共产品和服务，政府和社会资本共同推动公共基础设施建设，建立长期的合作关系。社会资本主要负责设计、建设、运营以及建成之后的大部分维护工作，政府部门主要负责对公共产品和服务的监管，保证公共利益最大化。

国家发展改革委在《国家发展改革委关于开展政府和社会资本合作的指导意见》中，认为PPP模式是指政府为增强公共产品和服务供给能力、提高供给效率，通过特许经营、购买服务、股权合作等方式，与社会资本建立的利益共享、风险分担及长期合作关系。

由上可知，当前对于PPP的定义虽没有达成一致意见，但仍存在一些共同核心特征：①政府和私人部门之间的关系是一种合作关系，关系是对等的，双方是平等的法律主体；②双方在利益上共享；③项目合作过程中存在的风险由双方共同承担。

5.2.1.3 PPP模式分类

PPP模式在实际运用中非常灵活广泛，包括医疗卫生、教育、交通、信息技术、环境保护和政府融资等，按政府与私人部门在项目投资、收益和风险上分担的比例和形式划分，主要有以下3种类型：

外包类PPP项目。一般是由政府部门出资，私人部门负责承包整个或部分项目建设，项目建成后按照合约收取一定的费用实现收益。在外包类PPP项目中，私人部门承担的风险相对较小。

特许经营类项目。私人部门负责项目的部分或全部投资，并与政府部门制定适当的分担机制来实现项目风险共担、利益共享。资产所有权最终归政府，因此，在特许经营权合同结束后私人部门要将项目的使用权和所有权移交给政府部门或者政府指定的机构。比较常见的项目融资模式有

PFI（Private Finance Initiative，民间主动融资）、BOT（Build-Operate-Transfer，建设—运营—移交）、TOT（Transfer-Operate-Transfer，移交—经营—移交）等。

私有化类 PPP 项目。民间资本负责项目的全部投资，通过向最终用户收取合理的使用费来实现盈利。由于社会资本拥有私有化类 PPP 项目的所有权，政府部门只起监管作用，因此私人部门在这类 PPP 项目中承担的风险最大。

无论采取哪种方式，其共同特点为：①可以有效减轻财政负担和避免项目风险；②给项目所在国家或地区带来先进的技术和管理经验，有利于促进经济交流和融合；③民间资本和外资的介入有利于提高项目运作效率；④政府对项目仍有一定的监督权、控制权和所有权，可以有效控制基础领域和垄断性领域的公共性；⑤可以比较快速地筹集外资和民间资本参与，加快地方基础设施的建设速度，更快地促进地方经济发展。

5.2.2　国外研究进展

英国是现代 PPP 模式的发源地之一，英国政府早在 20 世纪 90 年代末就出台了一系列关于 PPP 的政策和法律法规。目前，英国对 PPP 模式的应用在全世界范围内首屈一指。据不完全统计，在公共项目中，英国每年有 11%的投资是通过 PPP 模式进行的，截至目前，总投资额约为 960 亿美元，有 521 个 PPP 项目已经完成，包括 40 多所医院和 300 多个新建学校或改造项目。

法国自 21 世纪初就已经开始探讨引入 PPP 模式。在 PPP 模式正式成为法律许可的方式之前，法国工商界参与公共项目建设的方式有两种：一是“市场化”，二是“委托”。2004 年 10 月，法国内阁签署《“公共与私营伙伴关系（PPP）合同”实用指南》，该指南详尽介绍了 PPP 项目及其应用所要遵循的法律法规以及实际操作过程中的注意事项。多年实践表明，PPP 模式确实有利于控制成本和保证质量，是效益最优化的选择。

爱尔兰则是另一个已广泛应用 PPP 模式来提供公共产品和服务的国家。与英国、法国不同的是，爱尔兰在其国家发展计划中认定的国家投资发展必需条件中 PPP 模式占有一席之地。爱尔兰在缺乏基础设施建设所必要的资金的情况下，大量采取 PPP 模式，确保了政府仍能提供高质量和相应数量的公共产品和服务。

5.2.3 国内研究进展

改革开放后，我国引进PPP模式经历了一个曲折的发展过程。1995 年，对外贸易经济合作部出台了《关于以BOT方式吸收外商投资有关问题的通知》，同年，国家计委、电力部、交通部又印发了《关于试办外商投资特许经营权项目审批管理问题的通知》，PPP模式投资基础设施建设掀起了一股浪潮。从 1999 年开始，国内民间资本开始成为PPP项目投资的重要力量。这个时期的PPP项目基本集中于道路交通领域，如高速公路、桥梁、隧道，另外，有一些自来水厂和发电站项目也采取了PPP模式。与英国、法国等国相比，这些PPP项目由于缺乏来自政府部门的政策支持和法律保护，很大一部分都以失败告终。2004 年，建设部颁发《市政公用事业特许经营管理办法》。在此之后，全国各地各级政府也相应出台特许经营管理办法。北京地铁 5 号线、北苑污水处理厂等项目通过采取PPP模式，均达到设计指标，获得了各界广泛好评。2005 年，国务院下发《国务院关于鼓励支持和引导个体私营等非公有制经济发展的若干意见》，进一步提出为完善政府特许经营制度，支持非公有资本参与各类公用事业和基础设施的投资、建设和运营，允许非公有资本进入石油、铁路、电力、电信、民航等垄断行业和领域。经过一段时间的酝酿，财政部于 2014 年 9 月颁布《关于推广运用政府和社会资本合作模式有关问题的通知》，同年 12 月，国家发展改革委颁布《关于开展政府和社会资本合作的指导意见》，为新时期我国PPP模式的发展奠定了坚实的基础。以上这些表明，新一轮的PPP投资浪潮已经在中国开始。

5.3　农业领域 PPP 模式的应用情况

5.3.1　政策背景

2016年12月31日，《中共中央　国务院关于深入推进农业供给侧结构性改革 加快培育农业农村发展新动能的若干意见》明确指出，创新财政资金使用方式，推广政府和社会资本合作，实行以奖代补和贴息，支持建立担保机制，鼓励地方建立风险补偿基金，撬动金融和社会资本更多投向农业农村；拓宽农业农村基础设施投融资渠道，支持社会资本以特许经营、参股控股等方式参与农林水利、农垦等项目建设运营。2017年2月17日，《国务院办公厅关于创新农村基础设施投融资体制机制的指导意见》（国办发〔2017〕17号）明确提出，引导和鼓励社会资本投向农村基础设施领域，加强农业公共产品的建设水准和市场领域的专业化程度。鼓励当地政府整体外包农业公共物品项目，从而加强农业基础设施的建设水平，通过建立合理的回报机制保障社会资本与政府部门实现双赢，提升项目收益。

2016 年 12 月 6 日，国家发展改革委、农业部发布《关于推进农业领域政府和社会资本合作的指导意见》（发改农经〔2016〕2574 号），在明确农业领域推进 PPP 模式的重点领域时，提到了三个关键词："重点支持""引导""鼓励"，其中，"重点支持"的领域为高标准农田、种子工程、现代渔港、农产品质量安全检测及追溯体系、动植物保护等农业基础设施建设和公共服务；"引导"的领域为农业废弃物资源化利用、农业面源污染治理、规模化大型沼气、农业资源环境保护与可持续发展等项目；"鼓励"的领域为现代农业示范区、农业物联网与信息化、农产品批发市场、旅游休闲农业发展。

2017 年 3 月 23 日，国家发展改革委印发《关于深入推进农业供给侧结构性改革实施意见》（发改农经〔2017〕452 号）的通知，其中，重点指出应当以产业融合、主体培育、政策创新和投资融资机制等为手段，鼓励建设农村产业融合发展示范区，从而推动当地农业产业转型升级，因地制宜探索和发展符合地域具体特征的农村产业融合发展方式。

2017 年 2 月 5 日，国土资源部、财政部联合下发了《关于新增建设用地土地有偿使用费转列一般公共预算后加强土地整治工作保障的通知》（国土资函〔2017〕63 号），该文件指出，中央财政将设立“土地整治工作专项”，对地方政府开展的高标准农田建设、土地整治重大工程和灾毁耕地复垦等土地整治工作予以重点支持。2017 年 5 月 31 日，财政部、农业部发布了《关于深入推进农业领域政府和社会资本合作的实施意见》（财金〔2017〕50 号），指出重点引导和鼓励社会资本参与农业绿色发展、高标准农田建设、现代农业产业园、田园综合体、农产品物流与交易平台、“互联网+”现代农业等领域农业公共产品和服务供给。

5.3.2 应用现状

在全国 PPP 项目建设运营快速发展的大背景下，农业行业的 PPP 项目也得到了一定的发展，不少项目成为财政部、国家发展改革委的示范项目。政府部门为农业行业 PPP 模式的发展做了很多工作，财政部对农业 PPP 项目的很多内容进行了规范，并建立了全国政府和社会资本合作（PPP）综合信息平台项目库，对所有入库的 PPP 项目信息进行了整理和公开，项目库将 PPP 项目按全生命周期分为识别、准备、采购、执行和移交 5 个阶段。从财政部入库农业项目的具体类别来看，主要包括以下几种类型。

（1）农业基础设施类 PPP 项目

这类项目主要包括农产品展览、集贸市场、交易市场，以及为农业生产直接提供服务的道路、桥梁、电网、机井、灌溉设备和通信、网络、供热、供气等农业服务设施。这类农业设施项目为农业生产发展提供全面的产前、产中和产后的服务，是农业生产的基础条件，因而在 PPP 项目中有较大的需求。

（2）农业资源开发类 PPP 项目

包括土地开垦、土壤污染防治、生物发电、垃圾处理等项目。在农业、农村经济发展中，农作物秸秆、农村生活垃圾、养殖场粪便等需要无害化、资源化处理，一方面，有效治理农村环境污染，保持农村山清水秀、蓝天白云的自然风光；另一方面，为农村生产和农民生活提供新资源，如电力、肥料、沼气等，创造新的价值，走循环经济和可持续发展的道路。

（3）农业产业园类 PPP 项目

包括农业产业园区、农业科技园区、花卉园区、茶叶园区、水果蔬菜培植示范园区、物流园区、生态园区、农民创业园区等。通过各类园区建设，将农业生产要素集中、优化，实现规模化、集约化、产业化，提高农业生产的效率和经济效益。而 PPP 项目的重点是为各类园区建设提供基础设施，如土地整理、道路建设、供电、供水、供气、公共服务设施、展览馆、博物馆、交易大厅、标准厂房、会议中心，以及其他生活生产配套设施等。这些设施具有一定的公益性，有的项目有一定的现金流，可向使用者收费，适合采用 PPP 模式建设运营。

（4）智慧农业类 PPP 项目

主要包括农业云计算、农业物联网平台、农产品电子商务平台等。随着现代农业科技的发展，特别是信息技术，为农业生产发展提供了广阔的发展空间，云计算、互联网等技术，是下一代新技术发展的重点，农业发展也不能落后，智慧农业类 PPP 的建设和运营，有利于进一步提高农业劳动生产力。

（5）扶贫开发类 PPP 项目

主要包括改善贫困地方基础建设、发展扶贫产业、增加贫困人口收入等。精准扶贫也是农业、农村和农民问题的主要问题。扶贫开发也需要开拓思路，摆脱单纯依靠政府财政资金输血的道路。而充分利用贫困地区的资源条件，在政府的支持下，充分利用PPP模式，吸引社会资本参与扶贫开发，也是我国打赢脱贫攻坚战的重要途径。通过扶贫类PPP项目的精心设计和有效建设及运营，实现贫困户脱贫、社会资本方获得合理回报、政府实现经济社会发展战略目标的共赢局面。

（6）农业、旅游、休闲、文化、康养综合体类PPP项目

以农业开发为主体，有机集合全境旅游、观光农业、休闲农业、农耕文化、养老医疗、田园综合一体化开发等项目。这类项目的建设，体现了现代农业发展的新趋势，即以农业为基础，向旅游、娱乐、文化、养老、医疗等相关领域延伸，一体化发展，进一步提高项目的经济、社会和生态效应。

（7）特色小镇PPP项目

包括特色小镇的农业开发，小镇供电、供水、供气、道路、桥梁、环境绿化，以及其他配套设施建设等。特色小镇建设是中国特色城镇化进程中的一个重要内容。近年来，我国城镇化速度进一步加快，同时，北京、上海、广州、深圳等特大型城市病开始显现，如交通拥堵、环境污染、房价上涨等。在我国新型城镇化过程中，发展特色小镇，合理配置公共资源，可以实现我国大中小城市和城镇协调发展，促进城乡发展。同时，特色小镇的发展和建设，也有利于推进农业的产业化经营、提高农业生产效益，就近解决农民就业，实现农民市民化的转换。特色小镇PPP项目以基础设施建设等公共服务项目为主。

（8）新农村建设PPP项目

包括农村基础设施建设、体育文化设施建设、环境治理、农业技术教育等内容，是解决我国目前城乡发展不平衡、城乡居民收入差距过大的重要措施。通过PPP项目的建设和运用，充分利用市场机制，吸引社会资本投资于农村基础设施建设，是加快新农村建设、尽快解决我国“三农”问题的重要途径。

据全国PPP综合信息平台项目管理库数据，截至2020年7月底，财

政部 PPP 项目管理库中，农业项目共71个，占所有行业项目的0.7%；项目总投资773亿元，占所有行业项目的0.5%。无论是项目数还是投资额，农业 PPP 项目占比均较少，在各行业中均处于倒数位置（图5-2）。全行业平均每个项目投资金额为15.3亿元，农业 PPP 项目平均仅为10.9亿元，低于10亿元的项目占比70%（农业项目一般规模较小）。

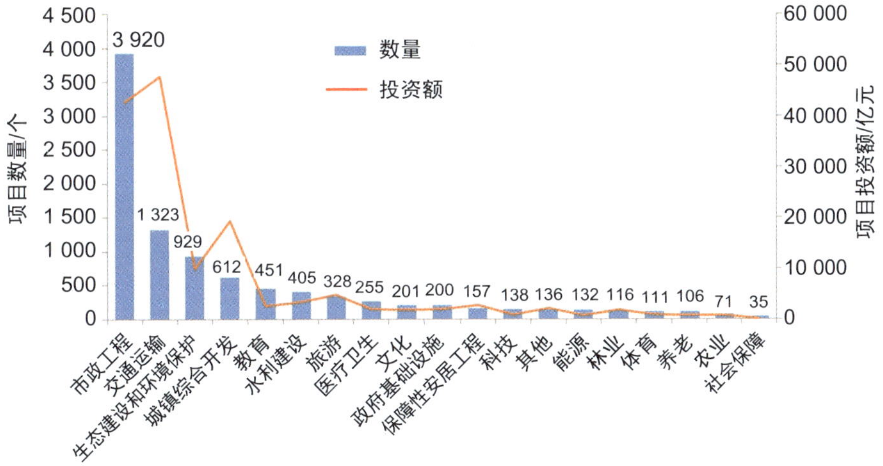

图 5-2　PPP 项目管理库行业项目数及投资额

从进入管理库的项目投资金额情况来看，农业项目的最低投资金额为 3 949 万元，最高投资金额为 836 221 万元。投资金额在 1 亿～3 亿元的项目有 12 个，投资金额在 3 亿～10 亿元的项目有 32 个，超过 10 亿元的项目有 22 个。

从项目回报机制情况来看，因产权归属不同，主要为 BOT（建设—运营—移交）以及 BOO（建设—拥有—运营）两大类型。运作方式为 BOT 的项目最多，数量为 44 个，运作方式为 BOO 的项目数量为 4 个。

从回报机制来看，可行性缺口补助为 35 个、使用者付费为 22 个、政府付费为 11 个。

从落地率来看，农业 PPP 项目处于准备阶段的有 19 个，采购阶段的有 13 个，执行阶段的有 39 个，落地率为 54.9%，低于全国全行业 68.4% 的项目落地率。

从项目细分领域来看，田园综合体项目有 10 个，产业园项目有 9 个，农产品交易中心项目有 3 个，其他类有 49 个。田园综合体与现代农业产业园类项目占 26.8%，是农业 PPP 项目的主要细分领域。

从国内农业 PPP 项目的地区分布来看（表 5-1），江西、山东、云南、河南等省份的农业 PPP 项目较多，江西、河北、内蒙古、广东、江苏、安徽、湖南、福建、宁夏等省份的落地率大于 50%，落地情况较好，其余地方落地情况较差。从项目启动时间上来看，84.5%的项目是 2017 年 1 月 1 日以后发起的，侧面反映了自中央一号文件发布以后，各省份正在积极探索农业 PPP 模式。

表 5-1　财政部 PPP 项目中各省份项目情况

地区	总数/个	准备阶段数量/个	采购阶段数/个	执行阶段数/个	落地率/%
江西	10	0	1	9	90.0
山东	9	3	2	4	44.4
云南	7	5	1	1	14.3
河南	6	3	1	2	33.3
河北	4	0	0	4	100
内蒙古	4	0	0	4	100
广东	4	0	0	4	100
江苏	4	1	0	3	75.0
贵州	4	2	1	1	25.0
安徽	3	0	1	2	66.7
新疆	3	2	0	1	33.3

地区	总数/个	准备阶段数量/个	采购阶段数/个	执行阶段数/个	落地率/%
湖南	2	0	0	2	100
福建	2	1	0	1	50.0
辽宁	2	1	1	0	0
广西	2	1	1	0	0
宁夏	1	0	0	1	100
山西	1	0	1	0	0
吉林	1	0	1	0	0
湖北	1	0	1	0	0
四川	1	0	1	0	0
合计	71	19	13	39	54.9

5.3.3　存在问题

农业 PPP 投资模式有利于减轻政府的财政压力，突破我国农业领域投资不足的困境，而且通过社会资本专业化的管理、市场化的理念和社会化协作，提高了农业项目的运营效率和服务质量。但是，我国农业领域在 PPP 模式推行中也出现了很多问题，能顺利建成运营的 PPP 项目屈指可数。究其原因，主要有以下几个方面。

一是价格形成机制不完善。绝大多数公共项目本身都具有一定的社会福利和自然垄断的性质，因此公共产品或服务价格不能完全由市场自由决定。我国政府部门对绝大多数公共产品或服务都是采取低价、高财政补贴的政策。这些公共项目在采取 PPP 模式后，政府部门很难再对其进行高额的财政补贴，而目前我国相关的政策支持体系尚未有效建立，对于 PPP 项目所提供的产品和服务大多数农户或最终用户也没有形成付费的习惯，若项目的服务价格不合理，就会导致其建设运营存在困难。

二是风险管理体系不健全。因为大多数农业 PPP 项目投资规模较大、建设周期较长、融资成本较高、资本回收周期较长且回报率较低，加之涉及的利益相关者较多，导致项目风险和不确定性较高，投资者很多时候需要政府提供某些政策保证和支持。但到目前为止，我国仍没有一个健全的管理体系规避这些问题所带来的风险，进而确保民间投资者的利益。

三是融资方式有限。国际通行的PPP模式融资办法是以项目预期收益作为融资担保进行贷款，但在我国现行条件下，银行对于这样的贷款条件还不能接受。目前，我国银行要求项目执行单位必须提供有效的贷款担保，农业PPP项目因项目资产所有权不完整，因此可供选择的融资方式有限。国内资本市场现阶段也无法为大规模开展农业PPP项目提供必要的融资条件。

四是缺乏专业人员和机构。农业PPP项目周期全过程涵盖范围相当广泛，必须依靠包括规划设计、金融保险、建设运营和农村产业发展在内的专业化人才队伍方能运作。而PPP作为一种项目融资模式进入我国农业领域的时间不长，理论研究并不充分，应用推行的经验也相对较少，导致相关专业人员和机构相对缺乏，这是目前我国大规模开展农业PPP项目的现实困难之一。

5.3.4 未来发展方向

总体上我国农业领域PPP模式仍处于摸索阶段，所涉及的区域和范围均十分有限，未来的发展面临着诸多挑战：农业PPP项目盈利难、风险大；地方政府财力薄弱，观念、能力、经验等有待加强；社会资本追求短平快，参与度不高；农业项目融资难；政府对于民间资本介入农业领域建设也还普遍缺乏长效机制和政策支持，这一系列问题值得我们高度关注，并寻求相应的解决办法。

从农业领域中PPP投资的实践结果看，农业领域投资具有资金需求量大、投资周期长、投资收益不高、投资风险较高、投资具有公益性等一系列特点，使得 PPP 模式在农业领域有很大的应用价值和市场潜力。同时，PPP 模式对政府支持、产业支撑、风险控制、利益协调、运作模式都提出了更高的要求，这就需要我们继续对农业 PPP 模式进行创新，不断拓展其应用领域。随着新的参与主体的不断加入、农业 PPP 政策的不断完善，今后一段时期社会资本将加快进军农业领域，这将会是农业 PPP 快速发展的时期。

5.4　新疆农业领域 PPP 模式应用情况

5.4.1　PPP 模式在新疆农业领域的应用实例

据全国 PPP 综合信息平台项目管理库数据，截至 2020 年 7 月，财政部入库新疆农业类 PPP 项目共 3 项，分别在新疆和田地区洛浦县、乌鲁木齐市达坂城区和巴音郭楞蒙古自治州且末县实施，主要涉及示范园、产业园及种植基地的建设等，总投资额 27.8 亿元，其中，仅和田地区洛浦县绿色产业示范园（田园综合体）PPP 建设项目处于执行期阶段，其他 2 项均处于识别阶段。国家发展改革委入库新疆农业类 PPP 项目共 17 项，其中，16 项在新疆生产建设兵团第一师、第二师、第八师、第十师、第十二师、第十三师和第十四师实施，1 项在尼勒克县实施，主要涉及农牧场基地、农贸市场、交易中心、产业园、物流仓储等的建设，共计投资 35.4 亿元。新疆农业 PPP 项目均为 2016 年起开始实施的，与国内其他省（区、市）相比，PPP 类项目实施较晚。下面以和田地区洛浦县绿色产业示范园（田园综合体）PPP 建设项目作为案例进行分析。

（1）背景和概况

洛浦县位于昆仑山北麓、塔里木盆地边缘，东临策勒县，南靠昆仑山，西以玉龙喀什河为界，与和田县、和田市隔河相望，北伸延入塔克拉玛干沙漠，与阿克苏市、阿瓦提县为邻，南北长约 337.5 km，东西宽约 24.9～

67.5 km，总面积为 14 287 km^2。拥有国家级非物质文化遗产 2 处，全国重点文物保护单位 2 个，其历史、文化内涵极高的旅游资源蕴藏着巨大的旅游开发利用价值。

洛浦县绿色产业示范园（田园综合体）PPP 建设项目总投资 219 027.00 万元人民币，其中静态投资 204 471.94 万元，包括第一部分工程费用 170 237.06 万元，第二部分工程建设其他费用 15 646.52 万元，第三部分基本预备费 18 588.36 万元。建设期利息 14 555.06 万元。该项目由田园综合体、和洛健康绿道和经济作物种植示范区 3 个建设区域组成。其中，田园综合体致力打造集休闲、娱乐、生态、科研等于一体的综合体，主要包含特色小镇、自驾车营地、鱼植共生产业示范区、荒漠化治理植物驯化养殖园、滨湖生态公园等项目；和洛健康绿道通过自然水处理设施和景观引水渠系将玉龙喀什河的河水引入哈拉快力水库，为项目的水资源提供保障，同时沿景观引水渠系建设自行车高速绿道，打造慢休闲、快交通的生态带，建设内容主要有自然水处理设施、自行车高速绿道、景观引水渠系等；经济作物种植示范区主要为甘草种植示范园和甜杏种植示范园，通过利用新疆特色种植物，实现与当地居民共同种植，建设“农业+”的模式，带动当地人民脱贫致富。

（2）合作模式

洛浦县绿色产业示范园（田园综合体）PPP 建设项目属于涵盖农村环境治理、农业养殖、旅游基础设施等领域的大型田园综合体项目，投资规模大，结合投资收益、风险分配、融资需求等实际情况，采用“设计—建设—融资—运营—移交”（DBFOT）的方式实施。项目公司完成勘察、设计、投融资及建设后，在运营期内对项目资产进行运营维护，通过获得使用者付费等收入收回项目建设及运营成本，并获得合理收益，合作期满后，项目公司将项目相关资产及运营权移交给实施机构或政府指定的其他机构。项目建设管理模式见图 5-3。

（3）借鉴价值

洛浦县绿色产业示范园（田园综合体）PPP 建设项目不仅是新疆以 PPP 模式推动政府与民营企业合作建设综合性农业生产发展项目的率先尝试，也是截至 2020 年新疆农业 PPP 项目在财政部项目库中唯一处于执行期阶段的项目。该项目为打造新疆绿色产业示范园，有效破解农业项目融资难题，缓解财政资金压力提供了宝贵经验，对于 PPP 模式在农业领域的运用具有一定的借鉴意义。

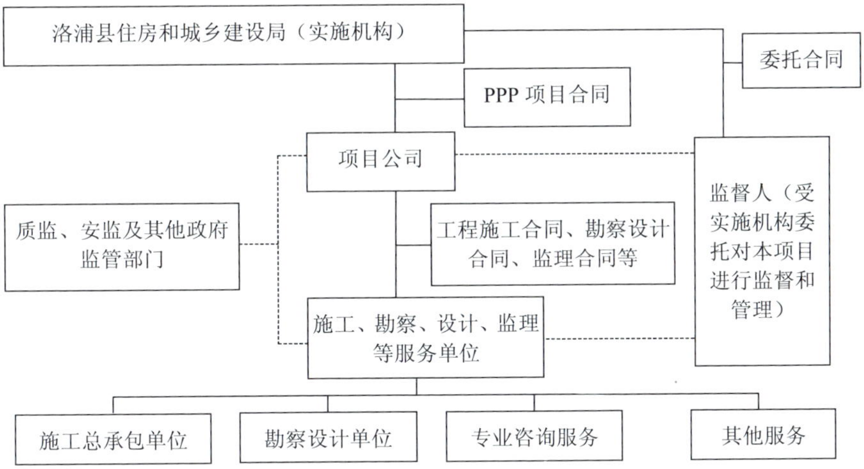

图 5-3　洛浦县绿色产业示范园（田园综合体）PPP 建设项目管理模式

注：实线表示合作关系，虚线表示监管关系。

一是合理规划，实现增值。该项目按照生态学原理和生态经济规律，充分利用当地丰富的地方传统、特色资源，凸显区城优势和地方特色，围绕卡拉库勒水库生态经济区建设和修建玉龙喀什河循环灌溉引水系统，进行环保型生态绿色农业示范区（田园综合体）建设，把发展农业生产与第二、第三产业结合起来，不仅吸收当地传统农业精华，而且结合现代科学技术，通过人工设计生态工程，协调发展与环境之间、资源利用与保护之间的矛盾，形成了生态上与经济上的良性循环，实现了经济、生态、社会三大效益的统一。

二是明确责任，共担风险。PPP 模式是一个复杂系统，运作程序繁杂。建立政府与社会资本的合作关系、明确责任分工、共同分担风险是 PPP 项目成功的基础。运用 PPP 模式需要妥善安排各参与方在项目中的权利和义务，要做好政府与社会资本方的责任划分，重视政府在项目中的规划作用，要制订详细的项目计划，完善交易结构和项目管理机制。该项目的成功执行说明，注重和保证参与方利益，科学设计交易结构，可以保障整个项目顺利运作。

三是建立长效管理机制。组建一个能够进行“全寿命周期管理”的专业项目管理机构，实施有效的监督和管理，例如，洛浦县住房和城乡建设局以委托专业机构的方式，专门负责监管项目，在社会资本与政府间进行协调，建立长效管理机制，值得借鉴。

（4）注意事项

PPP 模式是新常态下发展我国农业的动力性抓手。PPP 模式既是融资概念，更是一个项目管理概念，强调的是对产业示范园的全寿命周期运营管理，其分为两个“生命周期”，第一是汇聚社会资本的投资力量，为产业示范园建设和周边基础设施建设融资；第二是在提高产业示范园服务质量等软件上发挥作用的阶段，即项目运营管理阶段。PPP 模式的运用，不仅有助于解决长期以来制约农业发展的融资建设与经营管理问题，而且将成为经济新常态时期我国农业战略性结构升级的新动力。但 PPP 模式在我国的运用尚处于起步阶段，在公共项目中的运用并不成熟，相关法律有待健全。对新常态下的中国式 PPP 模式，我们始终要有清醒的认识。

5.4.2 PPP 模式在新疆农业领域应用存在的问题

5.4.2.1 显著的区域特殊性导致难以形成可复制的模式

新疆位于我国的西北部，地处欧亚大陆腹地，地域辽阔，面积约 166

万 km^2，是中国面积最大的省份。由于自然环境、区位条件和经济发展基础的不同，新疆各地州发展各具特色，统一的 PPP 模式不符合各地发展的实际情况，只有结合当地实际制定出更有针对性的农业 PPP 模式，才能进行推广和应用。

5.4.2.2　政府管理理念尚不能满足农业 PPP 模式的发展

2017 年，中共中央、国务院发布中央一号文件，明确指出要支持和鼓励市场资本参与和投资农业公共项目。在文件的带动下，新疆也出台了相关政策来推动农业 PPP 项目的发展，但仍缺乏因地制宜、对症下药的模式。同时，由于现有农业行业的 PPP 项目经验较少，新疆农业 PPP 项目也处于比较尴尬的局面，政府方虽然积极推广，但是其配套政策和法律法规并不完善，导致农业 PPP 项目虽然在行业和学术界有较大的反响，但落地率却不容乐观。

5.4.2.3　入库项目少且执行率低，推进缓慢

我国政府将“三农”问题列为经济社会发展的重中之重，需要大力促进农业发展及其现代化建设，但由于受各种条件制约，农业发展面临诸多困难。在此情况下，农业 PPP 项目发展也相对缓慢，在财政部、国家发展改革委项目库中，农业 PPP 项目所占比例较低，与农业在国民经济中的地位不太吻合。和农业 PPP 项目少、发展缓慢相一致，农业 PPP 项目的落地率也相对较低。在全国农业 PPP 项目发展中，新疆的项目发展与江西、山东相比也较为落后，截至 2020 年在财政部项目库中仅有 3 个，且只有 1 个处于执行阶段。

5.4.2.4　农业 PPP 项目缺乏顶层设计

农业对政府政策的敏感度较高，不同地区的法律制度环境和政府能力都是影响农业 PPP 项目投资效率的重要因素。在市场和法律环境中，社会

资本方设立的成本、官僚障碍、项目文件和报告的制度以及当地贷款利率的优惠政策等因素都对农业 PPP 项目的发展产生着较大的影响，而以上这些因素齐备的环境在新疆尚稀缺。此外，PPP 项目的财政税收专有制度和财政部门对 PPP 模式的支持也需要规范，需对 PPP 模式设定专门的税收优惠政策，为社会资本的投资和合理回报提供保障。新疆财政部门、农业部门要构建农业 PPP 项目的专项绩效考核监管体系和明确的监督问责机制，严格掌控项目全生命周期内的资金使用情况，保证项目在特许经营期内顺利运行。

5.4.3 应用建议

5.4.3.1 重视 PPP 模式在农业研发领域的应用

在供给侧结构性改革和乡村振兴战略的发展背景下，新疆应重视 PPP 模式在农业领域的推广应用。一是在 PPP 项目的选择上应适度向农业研发、科技创新等“软服务”领域倾斜，通过制定规范的推广应用指引办法引领社会资本的研发投入；二是结合农业研发项目的特点，创新农业研发领域 PPP 的合作模式，加大政府与社会资本在农业研发技术方面的合作，特别是在公益性项目领域的合作。在农业领域 PPP 投资盈利预期不确定性较高的情况下，若单纯依据市场原则开展会在一定程度上影响社会资本进入的积极性，因此，新疆政府应采用适当的激励机制引导社会资本向双方都有利的方向转变，这也是大力推进农业领域 PPP 模式政策设计的关键之一。

5.4.3.2 明确界定政府的行为边界

在农业领域推广应用 PPP 模式，政府的根本目的在于促进农业科技创新、提高科技创新效率和水平，因此应加强政府与社会资本在研发投入、研发过程管理和研发成果应用等方面的合作。在政府主导型的科技管理模式下，农业科技管理部门更习惯于行政管理模式；而在 PPP 模式下政府与社会资本方合作治理，双方均按照 PPP 协议履行好相关的管理职责。因此，新疆应明确 PPP 模式下的利益、风险、第三方评估和退出机制等的行为边界，真正发挥好服务和监督的职能，以在满足农业研发资金的基础上提高研发的成果水平及效率，这样才能更好地引导社会资本投入研发领域，提高研发的市场导向性和社会效益性，更好地服务于农业和经济社会的发展。

5.4.3.3　创新农业项目投融资模式

农业 PPP 项目在投融资过程中，可以突破原有的计划性投资管理模式，公开向社会发布各类农业投资规划项目，吸引并鼓励社会资本发起设立农业 PPP 项目，政府各项配套制度政策、财政扶持资金可以予以适当倾斜。对于由政府主导的农业项目，要健全预决算编制与管理制度，严格按照财务使用指南，规范资金使用，增强财政的透明度。同时，要加快设立 PPP 项目融资基金，通过债券、股权等市场化方式为 PPP 项目特别是农业基础设施建设项目拓宽融资渠道、降低资金成本，为项目建设提供依法合规、来源稳定的扶持资金。要发挥好国家开发银行、农业发展银行等政策性金融机构的“供血”作用，鼓励各大商业性金融机构积极创新融资管理方式，开发 PPP 融资类产品，更好地匹配农业 PPP 项目的需求，建立多元化的渠道提升资本运作效率。

5.4.3.4　加强农业 PPP 模式的人才培养

新疆农业 PPP 项目的投资效率较低，很大程度上是由于相关政策研究与人才体系建设相对滞后，需要加强政策研究和专业人才储备。在培养农业 PPP 人才模式上，建议从以下三点入手：一是通过成立相关行业协会，定期组织开展农业 PPP 项目的头脑风暴，通过专题讨论集思广益，分析探讨制约因素。相关部门可以重点支持一批 PPP 项目课题研究，引导带动人才资源的集聚，同时提高社会公众对于 PPP 项目的关注度，提升专业人员整体素养，梳理完善政策支撑框架，为推动农业 PPP 项目落地实施做好政策储备与人才储备。二是鼓励支持引导现有投资咨询类机构开展农业领域 PPP 项目的探索性设计。投资咨询机构在资产管理、实业投资、工程造价咨询等领域多年的行业经验有助于其开展 PPP 类项目咨询服务，跨行业涉足农业项目难度较小，政府部门通过一系列鼓励、支持性政策可以帮助其更好地开展农业 PPP 咨询服务，快速建立一支有知识、有经验、有胆识、有情怀的行业专家队伍。三是鼓励、支持、引导相关专家学者，以现有条件成熟、初具规模的现代农业园区、产业化经营项目等经典案例为基础，开展农业项目 PPP 模式的探索性设计，引导学术界进行广泛而充分的研究讨论，与传统政府主导的农业项目实施方案对比分析，形成 PPP 模式农业领域的案例汇编，以理论指导实践，在实践中不断创新理论，进而将完整理论与实践经验用于培养专业人才，壮大具备 PPP 知识的专家队伍。

5.5 PPP模式在棉田有害生物绿色防控技术推广领域的运用方式研究

5.5.1 棉田有害生物绿色防控技术

棉花是我国重要的经济作物，棉花产业已成为新疆的支柱产业和农民收入的重要来源。然而，棉田病虫草害严重制约着棉花的优质、高效生产。据相关报道，棉花由于病虫草的危害，年损失占总产量的 15%～20%，病虫草害严重发生的年份损失更大。目前，主要通过抗逆品种选育、化学药剂等对棉田有害生物进行防治，且现有防治方法过分依赖于化学农药，大量使用化学农药易造成生态失衡、抗药性及环境污染等一系列问题。因此，探究棉田有害生物的绿色高效防控技术具有重要意义。

5.5.1.1　棉花病害及其防治

在生产上，对棉花生产造成显著影响的病害主要包括土传维管束病害、苗期病害、铃期病害和线虫病四类。对抗棉花病害最经济有效的方式就是种植抗性品种，但是抗原匮乏和病原菌与寄主的互作机制匮乏，是最大的瓶颈，因此棉花病害综合防治是切实有效的手段。

据美国国家棉花委员会（http：//www.cotton.org）公布的数据，在 20 世纪 50 年代，棉花立枯病是影响棉花产量的首要因子，细菌白叶枯病、枯萎病、铃病和线虫病为次要病害，黄萎病和根腐病仅零星发生，杀菌剂是主要的防治手段。但是 1966 年黄萎病有抬头之势，连续三年成为棉花生产上的主要病害，鉴于黄萎病是土传病害，科学家提出采用轮作休耕和土壤熏蒸的方法来控制。随后的二三十年，枯萎病、黄萎病的发生得到了较好的遏制。为了解决杀菌剂和土壤熏蒸主成分药剂甲基溴对环境的污染，美国环保部门在 1971 年禁止含汞杀菌剂的田间使用，开发生物防治制剂一度成为热点。由得克萨斯州一公司研发的专利产品枯草芽孢杆菌可以高效防治棉花立枯病和枯萎病，取得了良好的社会经济效益。2000 年后，黄萎病在美国植棉区仅有小面积发生。但是，线虫病害却是长期存在的问题。美国针对这一问题，采用了可持续发展的植保措施，就是以轮作为主，注重土壤肥力保持，建立多点卫星监测站，实时监控病害发生规律，以便及时调整防控措施，降低土传病害和线虫病害再循环侵染的概率。在美国东南部的沿海平原，将棉花和花生轮作起到了较为理想的病害控制效果，阿维菌素拌种有效控制了寄生性线虫病害。总之，目前美国倡导综合防控棉花病害，以低毒、高效杀菌剂拌种、轮作休耕、生物防治等多种手段，因地制宜，结合使用，以期达到最好防效。

棉花黄萎病自 1935 年传入我国以来，已扩展蔓延到全国的各主产棉区。20 世纪 90 年代以后在我国西北内陆棉区迅速扩展蔓延，由于新疆多年连作种植棉花，再加上秸秆还田的种植习惯，土传病害黄萎病日益加重，目前该棉区70%～80%的棉田已有黄萎病出现，一些老病区成千上万亩棉田因此绝产，失去生产能力。目前，棉花黄萎病在我国年发生面积达4 500万亩左右，产量损失在10%～35%，年直接经济损失约12亿元人民币，已成为发展棉花生产的主要障碍。

黄萎病是全生育期维管束病害，一旦发生很难防治，种植抗性品种是最为理想的防控方法，如转防卫相关基因几丁质酶、葡聚糖苷酶、葡萄糖氧化酶、天麻抗真菌蛋白、抗菌肽和脂质转运蛋白等和转植物黄萎病抗病基因Ve1等转基因抗病棉花。黄萎病生物防治目前也正在研究，但是做成制剂大面积推广的较少。

苗期病害的防治，主要是采用土壤药剂混合和拌种法。此外，铃病危害也不容忽视。棉田行间覆膜技术，也就是利用塑料薄膜完全覆盖棉田行间裸露地面，可以阻止棉花烂铃病原菌由土中向棉铃上传播，有效预防烂铃病的发生。

但是，鉴于我国棉花种植的生态特性，新疆地区轮作不现实，套种劳动成本高，和美国情况截然不同。如何控制棉田中的毁灭性病害，将成为我国科研工作者一个长期的持续的课题。

5.5.1.2 棉花虫害及其防治

转基因抗虫棉种植之前，棉田害虫的防治主要依靠化学杀虫剂。美国使用杀虫剂防治棉田害虫的历史可以追溯到20世纪初，利用砷剂防治棉铃象甲；第二次世界大战结束后的几十年间，多种化学杀虫剂相继问世，如有机氯类、有机磷类、氨基甲酸酯类及拟除虫菊酯类杀虫剂。然而，每一种新的杀虫剂使用多年后害虫的抗药性问题伴随产生，随之而来的还有对天敌、人畜及环境安全的危害问题。20世纪50年代，我国棉田开始大面积使用化学杀虫剂防治棉田害虫，但是由于棉农普遍缺乏科学使用杀虫剂的知识，习惯大剂量多次重复使用单一药剂，导致害虫抗药性的产生，如20世纪60年代棉蚜已对有机磷类杀虫剂产生了较高的抗性；20世纪

70 年代，棉铃虫对 DDT 产生抗药性；20 世纪 80 年代，拟除虫菊酯在我国大面积推广使用，棉铃虫和棉蚜等的抗性发展迅速，使棉田害虫防治工作陷入被动。

1990 年，美国孟山都公司将改造的 Bt 基因转入棉花，获得转 Bt 基因抗虫棉，并于 1996 年与岱字棉公司合作，开展转 Bt 基因抗虫棉的选育和品种的商业化工作，随后转 Bt 基因抗虫棉在美国的种植面积迅速扩大，从 1997 年占棉花种植面积的 15%到 2001 年的 37%，2020 年种植面积达到 92%。1992—1993 年我国黄河流域棉区棉铃虫大暴发，棉花几近绝收，其间因超量施用农药而中毒的人员多达数万人次。在那种情况下，我国引进了转 Bt 基因抗虫棉，并于 1997 年开始商业化种植。1998 年，我国自主研发的第一代转 Bt 基因抗虫棉[晋棉 26 号（GK 95-1）、国抗棉 1 号和国抗棉 2 号]为我国棉花产业安全作出了历史性贡献。

抗虫棉的种植有效地解决了棉铃虫的危害，然而，Bt 棉花生产应用中靶标害虫棉铃虫的抗性治理成了摆在人们面前的又一道难题。针对这一问题，1996 年，美国国家环境保护局提出了“庇护所”的概念（refuge strategy），即在大面积的 Bt 作物之间种植一定面积的非 Bt 作物，从而降低靶标害虫对 Bt 的抗药性风险。2010 年，中国农业科学院植物保护研究所与南京农业大学联合攻关，在国际上创造性地提出了利用我国小农生产模式下玉米、小麦、大豆和花生等棉铃虫寄主作物所提供的“天然庇护所”治理棉铃虫对 Bt 棉花抗性的策略；随后，吴孔明又提出了庇护所策略与不育昆虫释放技术（Sterile Insect Technique，SIT）相结合的害虫抗性综合治理技术。此外，中国农业科学院、农业部农业技术推广服务中心的研究表明，转 Bt 基因抗虫棉可以自己合成杀虫剂取代喷洒杀虫剂，促进昆虫天敌回归，为转基因棉花及邻近作物提供有效的虫害生物防治，从而为解决农作物病虫害提供了更好的长期解决方案。这是国际上首次从景观生态学的尺度对 Bt 作物生态服务功能和机制进行系统研究，结果对阐明转 Bt 基因作物对天敌昆虫的生态调控作用、发展利用 Bt 作物持续控制重大害虫的区域性灾变理论与方法提供了重要科学依据。

转基因抗虫棉商品化应用使得化学农药的使用量显著降低，如 1996—2011 年美国杀虫剂的使用量减少 5.6 万 t，然而，杀虫剂用量的减少也给盲蝽蟓等非靶标害虫种群的生存和繁衍提供了场所，导致暴发成灾，且随着种群生态叠加效应的长期累加，盲蝽蟓已衍生成为区域性多种作物的重要害虫。这一研究成果证实了商业化种植 Bt 棉对非靶标害虫的生态效应，为阐明转基因抗虫作物对昆虫种群演化的影响机理提供了理论基础，对发展利用 Bt 植物可持续控制重大害虫区域性灾变的新理论、新技术有重要指导意义。

20 世纪 60 年代，面临化学农药所带来的一系列环境问题，人们开始反思，逐步提出了多措并举的害虫防治策略，至 20 世纪 70 年代，害虫综合防治（Integrated Pest Management，IPM）的概念初步形成。1975 年，我国农林部参考国内外在农作物病虫害防治方面的成功经验，确定以“预防为主、综合防治”作为我国植物保护工作的方针，开启了我国农作物病虫害综合防治工作，并形成了适用于不同生态区的、不同棉花生长发育阶段的多种害虫综合防治体系。

5.5.1.3 棉田有害生物绿色防控技术

绿色防控技术指的是按照“绿色植保”的理念，采用农业防治、物理防治、生物防治、生态调控以及科学、合理、安全使用农药的技术，有效控制农作物病虫害。绿色防控技术强调运用多种手段，控制有害生物的存活、生长和繁殖。其主要目标是通过合适的技术降低农药的施用，提高农作物的产量，有利于环境与社会的协调发展。首先，绿色防控技术强调容忍部分病虫害，将有害生物全部消除不符合生态多样性的要求；其次，绿色防控技术强调的是各种合适技术的配合使用，而不是某一个技术的单独使用；最后，绿色防控技术强调灵活处理各种病虫害，不是每一种病虫害都用统一的方法，需要辩证地进行分析，才能使病虫害减少，提升产量，促使农业资源的可持续利用和发展。

（1）农业防治技术

及时深翻冬灌。新疆棉田一般在 11 月中下旬进行深翻冬灌。深翻 20～30 cm，可以把地表的虫卵和病菌孢子埋于地下，使之腐烂或窒息死亡；而裸露在地面的，可被冻死或被鸟兽取食，从而减轻病虫害的发生。据观察，棉田冬耕以后棉铃虫蛹有 72%被破坏，棉叶螨越冬率可降低到 0.13%～0.53%，而未冬耕的棉田，棉叶螨越冬率却高达 48.7%～100%。冬灌也可以减轻病虫害的发生，据调查，冬耕冬灌田虫蛹死亡率在 70%以上，只耕不灌田虫蛹死亡率在 60%左右，而不耕不灌田虫蛹死亡率在 40%以下。棉田深翻 60 cm 是目前控制棉花黄萎病发生和危害的有效措施。深翻 60 cm 能有效减少耕作层 0～40 cm 土层中黄萎病微菌核的数量，相对防效达 58.5%，每亩增产范围在 50～60 kg，成为抑制干旱地区重病田黄萎病发生的有效防控措施。

加强轮作倒茬。众所周知，棉花枯黄萎病是威胁新疆棉花生产的主要因素之一。新疆棉田由于多年连作，土壤中积累了大量立枯病菌及枯黄萎病菌，且棉田连作时间越长，发病越重。对于棉花重病田，通过轮作，尤其是坚持 2～3 年的水旱轮作可以降低土壤中病原菌的数量，减轻病害的发生。土壤耕作层是棉叶螨越冬的主要场所之一，通过轮作尤其是水旱轮作可以降低土壤中害虫的数量，减轻其危害。

合理作物布局。提倡实行棉田与小麦、油菜、红花等邻作或在地头、边行种植苜蓿、油菜等诱集作物，改变农田单一的生态结构，创造有利于天敌栖息和繁殖的环境，增加天敌数量，提高天敌对害虫的控制能力。此外，在棉田播种的同时，在棉田地边垄沟每 25 cm 一株点播早熟玉米，种植玉米诱集带，利用棉铃虫成虫喜在玉米上产卵栖息和幼虫的自相残杀习性，结合人工操作，集中力量捕杀幼虫和成虫。

选用抗病耐病品种和抗虫品种。棉花枯黄萎病都属于典型的维管束病害，一旦发生很难防治，种植抗病耐病品种是最为理想的防控方法。

（2）物理防治技术

性诱捕诱杀技术。该技术主要是通过诱芯释放人工制成的雌性诱剂，以诱杀雄虫为目的，减少雌雄交配，从源头上减少害虫的繁殖率。诱芯使用时 4～6 周更换一次。

频振式杀虫灯。利用害虫对光波的趋性将其诱捕，灯外用频振式高压电网触杀。该方法可以降低成虫数量及产卵量，针对一些破坏性强、防治难度大的害虫如地老虎、斜纹夜蛾、草地螟等具有明显的防治效果。

色板诱杀技术。根据不同害虫对颜色的趋性不同来诱捕杀死害虫，在色板表面刷胶黏附害虫，达到灭虫的目的。色板诱杀技术可避免抗药性产生，具有较好的防治效果。

（3）生物防治技术

生物防治是利用微生物及其代谢产物和植物提取物防治病虫害的方法。生物防治不污染环境，对人类、牲畜及生态环境友好。近年来，科研工作者筛选和利用大量微生物及其代谢产物用于病虫害的生物防治。

拮抗真菌。研究和应用较广的拮抗真菌有木霉和酵母菌。如木素木霉（*Trichoderma lignorum*）、哈茨木霉（*Trichoderma harzianum*）、浅白隐球酵母（*Cryptococcus albidus*）、链孢粘帚霉（*Gliocladium catenulatum*）等。

拮抗细菌。利用拮抗细菌防治植物病害既经济有效又对环境安全。目前用于生防的细菌主要有枯草芽孢杆菌（*Bacillus subtilis*）、地衣芽孢杆菌（*Bacillus licheniformis*）、荧光假单胞菌（*Pseudomonas fluorescens*）、嗜麦芽黄单胞菌（*Xanthomonas maltophilia*）等。

拮抗放线菌。放线菌是一类能产生水解酶、酶抑制剂、植物激素和抗生素等活性物质的微生物，具有无毒、无残留等优点，有较大开发潜力。目前发现微生物可产生 20 000 种以上生物活性物质，其中 45%以上是由放线菌产生的，如农抗 120、井冈霉素、S-921 和武夷霉素等，均可防治棉花黄萎病等。

植物源农药。植物中含有大量结构复杂的化学物质，近年来，国内外的研究热点是从植物中提取出具有杀菌抑菌活性的物质，如萜烯类、生物碱、黄酮类和萘醌等来防治植物病害。目前，科研工作者已经从植物中提取出抗真菌、细菌、病毒、线虫等一系列活性物质，已经注册登记的植物源农药单剂有血根碱、印楝素、苦参碱等 20 余种。我国在植物源农药的研究开发领域已经达到了世界先进水平。

内寄生菌。植物内寄生菌是指在一定条件下，存在于健康植物组织内并与植物互惠共存、相互制约的一类微生物。内寄生菌种类多种多样，它在植物体内繁殖生长，营养丰富，植物组织为内寄生菌提供了良好稳定的生存环境，因此它比其他生防因子更易发挥作用，已成为国内外研究的热点。

释放天敌。作为生物防治的重要手段，天敌昆虫在农业可持续发展和绿色防控技术中具有显著的优势。例如，从美国引进的丽蚜小蜂对温室白粉虱有良好的防治效果，从加拿大引进的食蚜瘿蚊对蚜虫有显著的控制效果，从英国引进的胡瓜钝绥螨可有效控制蓟马和螨类。

（4）高效、低毒农药使用技术

化学农药因其具有防效高、见效快、使用方便等诸多优点，迅速被应用于棉花有害生物的防治。据统计，我国通过化学农药的施用，每年可挽回皮棉损失 100 多万 t。然而，化学农药一方面在服务棉农、保障棉花安全生产方面发挥巨大作用，另一方面由于长期盲目的大量、单一、无节制地使用高毒农药品种，导致害虫抗药性显著提高、生态环境明显破坏、生物多样性急剧下降、人畜中毒事件频繁发生等一系列社会问题和生态危机。如何科学、合理地使用化学农药，成为当前棉花生产的突出技术难题。

拒绝使用高毒农药。自 2001 年《斯德哥尔摩公约》签署以来，我国农业部等部门先后发布多个公告，禁止氟乙酰胺、甘氟、毒鼠强、甲胺磷、甲基对硫磷、对硫磷、甲基硫环磷、硫线磷、蝇毒磷等高毒农药的登记、生产、销售和使用。筛选高效、低毒、环境友好型农药品种，填补高毒农药禁用后的防治空白，制定简便、实用、可行的田间防治技术一直是棉田有害生物防治的重点工作。

适期用药。施用化学农药要避开敏感作物和作物的敏感期，以防止药害产生。选择适宜的喷药时间，一般上午 9 时左右、下午 3 时左右最适宜喷药，如遇阴天可全天任意时间点喷药。施药最佳时期要根据病虫害的发生规律和喷施药剂的特性进行选择。杀菌剂一般在发病初期、卵孵盛期或低龄幼虫期施用。

对症施药。首先要准确判断病虫害发生种类和危害程度。农药品种和剂型的选择要根据病虫害发生期、危害程度及环境条件而定。防治病虫害秉承“预防为主，综合防治”的原则，在病害发生前喷施防护性杀菌剂，在病害发生后喷施治疗型杀菌剂，把握最佳施药时机，连续用药 3～4 次，以达到最佳的防治效果。

合理用药。严格按照商家推荐剂量施药，不要盲目提高药量、浓度和施药次数。同时，长期连续使用同一药剂或作用机理相似的药剂，容易使病虫害产生抗药性，应合理轮换靶标相同而化学结构不同的农药，这样既可以提高农药的防治效果，又能延缓抗药性的产生。

（5）无人机植保技术

无人机飞防技术[Unmanned Aerial Vehicle（UAV）Plant Protection Technology]是利用轻小型无人机为载体，在飞行器上搭载农药喷雾设备，通过引入 GPS 系统，以“云服务、大数据”为技术背景，实现精准化作业。无人机飞防技术作为适应现代农业和现代植保需求的新型技术，以其独特的优势，为植保技术的发展开辟了一片新的天地，将是传统植保方式的替代和“革命性”升级。

无人机飞防技术与传统人工和机械施药技术相比，具有施药效率高，节水、节药等特点。人工喷洒农药每人每小时只能喷施 1 亩地左右，传统地面植保机械的最高施药效率也仅约 10 亩/h，无人机喷洒施药的效率可达 50～100 亩/h，同时，传统施药方式用工量较大，每亩需要 3～5 人同时作业，不仅作业劳动强度大，且较难应用于高大密集型农作物。而无人机飞防可节约劳动力成本约 60%，劳动强度低、劳动力投入大幅降低。无人机飞防技术使用超低容量液剂、热雾剂及超低容量静电制剂，与传统植保技术相比，可节约 50%的农药使用量，直接降低农药购买成本，同时降低农作物农药残留。同时，无人机施药每亩仅需用水 0.2～0.5 L，耗水量少，可节约 90%的用水量，尤其适用于我国农用水资源缺乏的地区，如内蒙古、新疆等旱作区。

无人机是螺旋机翼，作业高度比较低，一般喷洒飞行速度为 1～6 m/s，喷洒装置宽度为 3～4 m，作业宽度为 4～8 m，并且能够与农作物的距离最低保持在 1～6 m 的固定高度，当药液雾滴从喷洒器喷出时被旋翼的向下气流加速形成气雾流，直接增加了药液雾滴对农作物的穿透性，减少了农药飘失程度，覆盖密度高、喷洒均匀，药液沉积量和药液覆盖率都优于常规施药技术及大型有人驾驶飞机，因而防治效果比较好，还可以减少农药对农作物和土壤的污染，保护生态环境。

5.5.1.4　影响绿色防控技术采用的因素

欧美发达国家于 20 世纪 60 年代开始实践绿色防控技术，已形成较为成熟的技术群。虽然我国 20 世纪 90 年代也引入并开始示范绿色防控技术，技术集成、推广模式创新也不断深入，但是由于绿色防控技术本身尚有待完善、投入成本较高、经费支持渠道来源单一、农民认知水平局限等多种原因，在实际推广和应用方面仍做得不够。我国仍是农药使用大国，不但没有减小化学农药使用的势头，反而一直在加重。随着我国经济突飞猛进的发展，政府更关心环境和健康协调促进、共同发展问题，人民群众也越来越关注健康、环保与绿色生产生活。所以，在我国农村推广和采用绿色防控技术也成为农业发展的必然趋势。目前，影响绿色防控技术采用的因素包括技术本身及农民对新技术的接受程度等。

（1）绿色防控技术本身不成熟

相较于化学农药防治技术，很多绿色防控技术并不是很成熟。例如，在田间投放昆虫性诱剂，如遇到大风暴雨等恶劣天气，其杀虫效果就会大大降低；在田间安装诱虫灯，捕杀害虫的同时天敌等有益生物的种类和数量也会下降。同时，多数绿色防控方法繁琐复杂，见效慢且防治成本高，农民的接受度偏低。

（2）绿色防除技术宣传不到位

由于农民普遍受教育程度较低，对新鲜事物的接受能力不强，加之政府或农技推广部门对新技术的宣传力度不够，缺乏相应的扶持和鼓励政策，很大程度上影响了新技术的推广和应用。

（3）农民本身影响绿色防控技术的推广

农民的年龄、是否健康、文化程度、是否有农药中毒情况、耕地规模、生产经验、是否非农兼业、是否参加过培训等因素都会影响绿色防控技术的采用。研究表明，男性户主年龄越小、文化程度越高、耕地规模越大越可能采用绿色防控技术。除了农户禀赋，农户的心理因素也会对绿色防控技术的采用产生影响。农户对绿色防控技术越不熟悉，越能激发采用绿色防控技术的动力。社会的压力越大、农户的积极性越高，农户越可能采用绿色防控技术。厌恶风险的农户不易采用绿色防控技术，信息获取能力强的农户更易采用绿色防控技术。

此外，棉花的生产经营情况也会对绿色防控技术的采用产生影响。家庭人口的数量和年均收入情况会影响农户是否采纳绿色防控技术。调查发现，资金不足是绿色防控技术采用遇到的主要问题。加入合作社、距离乡镇更近的农户，更可能采用绿色防控技术。同时，政府的激励和约束在市场利润不完善的情况下，也可以对绿色防控技术的采用产生影响。此外，供应链组织会影响农户采用技术，但不同供应链的影响在一定程度上存在差异。

5.5.2 PPP 模式应用方式

国外 PPP 模式应用领域基本涵盖了公共基础设施和公共服务等相关

领域，也取得了丰富的成功经验。我国 PPP 模式起步较晚，仍处于推广应用的初始阶段，应用领域主要集中在公共基础设施建设领域，针对科技研发和推广特别是农业领域的应用研究和实践相对较少。

2017 年 5 月，财政部和农业部印发了《关于深入推进农业领域政府和社会资本合作的实施意见》，这一文件的发布推动了 PPP 模式在农业领域的应用，在供给侧结构性改革和乡村振兴战略的发展背景下，为全面建设“农业强，农村美，农民富”的社会主义新农村提供了融资保障。农业作为基础性的弱势产业，本身具有公益性、投资回报周期较长、高风险等行业特点，政府应适当加大对农业科技创新及技术推广的财政支持力度，同时社会资本可根据自身经济效益的诉求参与到农业科技创新和技术推广的进程中来。基于上述原则，我们探讨了 PPP 模式在棉田有害生物绿色防控技术推广领域的运用方式，目的是加快我国农田有机氯农药的淘汰进程。

5.5.2.1　基本架构

将 PPP 模式应用于植保技术的推广，需要政府、营利性企业及非营利性组织等相互合作，其中，政府负责监督、出台相应的激励政策，组织棉农进行规模化生产，并给予一定的经费投入，如设立“棉田病虫害绿色防控技术推广应用”专项资金，或为棉农购买农业保险等进行补贴；企业负责农资供给及提供农机农技服务，在此过程中可引进拥有绿色防控技术的植保或农资企业介入，对绿色防控技术进行宣传，并根据农业生产情况适时引入生物防控、新型植保无人机、新型高效低毒农药等防控技术，有效避免有机氯等高毒农药的施用；非营利性组织，如国家棉花产业联盟（以下简称国棉联盟或 CCIA），主要负责衔接、联络棉花产业链上中下游各环节企业及生产环节的技术指导与培训，以及棉花生产基地和 CCIA 棉花的审核认证，整个生产资料的筛选与评价等，确保优质棉生产。

5.5.2.2 辅助措施

鉴于棉花产业链条长，涉及农资企业、加工企业、纺织服装等上中下游各个环节，为了有效推广有害生物绿色防控技术，并切实提高产业链价值，尤其是棉农的收益，可通过引进后端加工、纺织及服装等中下游企业，甚至金融机构，多举措确保棉农的收益及相关企业的利益。

加工企业负责收购棉农、植棉大户或合作社按国棉联盟标准生产的籽棉，并按照要求、标准进行加工，产出的一致性好、含杂率低的优质皮棉形成批次售卖给下游纺织企业，同时加工的副产品如短绒、棉籽等，部分利润为棉农二次分红。纺织服装等下游企业，负责结合市场进行订单生产或按照需求对优质原棉进行“优质优价”收购。

政府可通过设立专项资金，根据优质棉生产需要，为农户购买棉花完全成本保险和棉花“价格保险+期货”试点业务，通过保险和期货公司将优质棉花引入期货市场，提前进入销售阶段充分利用金融保险手段，保障棉农收益。

5.5.3 可行性分析

5.5.3.1 国家棉花产业联盟为政府和社会资本的融合提供了平台保障

2018 年中央一号文件提出“以农业供给侧结构性改革为主线”“推动农业由增产导向转向提质导向”。棉花全产业链条长，我国至少有 9 个部委或部门管理着棉花产业相关环节。因此，通过行政手段，在体制内解决棉花产业面临的诸多问题，困难重重。2016 年，农业部主导成立了由我国棉花“科研—生产—加工—流通—纺织—服装—贸易”全产业链 208 家企事业单位组成的国棉联盟。国棉联盟按照问题导向，从需求方入手，以高品质棉花为抓手，按照“需求方需要什么，生产方就生产什么，种子企业就提供什么，科研单位就研制什么”的基本思路进行棉花全产业链布局，推动“技术方+生产方+需求方”一体化布局，形成产学研融合的创新机制。其目标是力争用 5～10 年，建成 500 万～1 000 万亩，产能 60 万～120 万 t 的高品质原棉生产基地，这相当 1～2 个澳大利亚的棉花产能和规模，引领我国棉花“由量向质”转型升级。

国棉联盟立足国家、地方重大战略和产业发展重大需求，以服务国家、地方农业发展战略和全产业链各市场主体为根本，以推进联盟成员单位共同利益为基础，以协同创新和提高产业科技含量为核心，以科技创新为引领，以市场需求为导向，以促进植棉业、纺织业等升级发展为目标，以建设高品质棉花发展新模式为重点，通过科研、生产、加工、流通、纺织等产业链主体的通力合作，建立产业“上中下游一条龙”深度联合的新模式、新机制、新方法，激发全产业链发展活力，引领产业“中高端品质”发展，提升我国棉花产业水平和国际竞争力。

5.5.3.2　在南疆棉区探索实施了企业“众筹合作、风险共担、利益共享”的“51 团模式”

2018—2019 年，国棉联盟在兵团经济最不发达、少数民族比例最大、植棉技术最落后的兵团第三师 51 团，通过土地流转，引入棉花生产链“种—水—肥—药—械”相关企业为投资主体，采用“众筹合作、风险共担、利益共享”新模式，实现了生产链一体化运作。示范田棉花单产比周边棉田提高 30%以上，棉花品质提高 2 个品级，棉花收益翻番；同时，棉农土地租赁费加示范田务工费收益达 830 元/亩，形成了良好的精准扶贫效果，也探索出了企业间“众筹合作、风险共担、利益共享”的实施方案，为下一步 PPP 模式的形成奠定了基础。

2020 年，借鉴“51 团模式”，国棉联盟与兵团第三师图木舒克市达成合作意向，通过政府引导，轧花企业参与，“保险+期货”等金融手段辅助，合力打造了 2 万亩国棉联盟核心实验区。同时，依托东方前海棉花有限公司分布在第三师的轧花厂建立 CCIA 棉花加工基地，实施“优质优价”，实现“一厂一种”；生产的优质棉由东方国际（集团）有限公司旗下的纺织服装企业直接收购，大力推进优质棉“闭环运作”订单生产直销模式，促进第三师棉花产业健康发展和整体提质增效。至此，政府和企业合作共同推进了优质棉生产和加工体系的构建。

5.5.3.3 国棉联盟基地为绿色防控技术推广 PPP 模式的构建奠定了基础

根据农业农村部《2020 年种植业工作要点》提出的“依托国家棉花产业联盟（CCIA），推动‘技术方+生产方+需求方’一体化布局深度融合，建立高品质棉花生产基地，创响‘CCIA’国家棉花品牌”的新要求，2020 年共建立高品质棉生产基地 32 万余亩。其中，黄河流域棉区山东滨州、东营及河南太康认证 CCIA 棉花生产基地 4 处，共计 5 万余亩；新疆北疆昌吉国家农业科技园区和博州分别建立优质棉生产基地 10 万余亩和 8 万余亩；新疆南疆巴楚县、莎车县及兵团第三师合力打造了 9 万余亩高品质棉生产核心试验区。同时，与当地棉花轧花企业对接，按照“一厂一品”模式进行收购，单垛单轧，保障棉花品质的一致性，为后端企业订单生产奠定基础。

同时，国棉联盟积极与下游用棉企业合作，先后与 CCIA 品牌推广单位上海永澳纺织科技公司、深圳前海云熵科技公司共建了“CCIA 棉花纺织品创新中心”，并与纺织、面料、服装、家纺、棉柔巾等企业及品牌零售商合作，建设了 CCIA 纺织、面料、服装、家纺基地，打造 CCIA 品牌高端纺织品。通过“CCIA 种子”—“CCIA 原棉”—“CCIA 纱线”—“CCIA 面料”—“CCIA 服饰”的市场化运作，不断提升中国棉花自有品牌——CCIA 的市场认可度、知名度和影响力。2020 年，国棉联盟又与罗莱生活科技股份有限公司签署战略合作协议，将家纺类 CCIA 品牌使用与推广权正式授权罗莱生活及其上游供应链企业，共同打造“CCIA”国棉品牌。并与东方前海棉花有限公司合作，推进实施“订单生产”和“优质优价”。

通过生产—加工—纺织等相关企业的小闭环运作，可提高植棉效益，一定程度上弥补了新技术推广过程中的成本投入增加问题。

5.5.3.4　乡村振兴战略为 PPP 模式的推广和应用提供了政策红利

2017 年 10 月 18 日，习近平同志在党的十九大报告中提出了乡村振兴战略。农业农村农民问题是关系国计民生的根本性问题。2020 年，在全面打赢脱贫攻坚战后，乡村振兴将是“三农”工作的重点。在实施乡村振兴战略的大背景下，将国棉联盟优质棉基地建设作为产业振兴、乡村振兴的抓手，同时采取 PPP 模式进行基地的建设及绿色防控技术的推广应用，探索实施“PPP+优质棉基地建设”模式，在此过程中关注农村的环境治理问题，将有助于农田有害生物绿色防控技术的推广以及有机氯农药的淘汰。

5.5.4　预期效益

将棉田有害生物绿色防控技术的推广应用与优质棉基地建设相结合，运用 PPP 模式，整合政府、企业及非营利性组织的各方资源，可有效降低棉田高毒农药，尤其是有机氯农药的使用量。实施后将带来显著的经济效益、生态效益和社会效益。

5.5.4.1　经济效益

国棉联盟优质棉生产基地建设目标为 500 万～1 000 万亩。因选用防效高、持效期长的农药新品种，并配合使用科学合理的生态或生物防病虫技术，在应用区内不仅可以有效控制病害虫危害，同时也可获得较高的经济效益。与非应用区相比，应用区棉花产量将增加，病虫害防治成本降低，可有效提高棉农的收益。

5.5.4.2　生态效益

绿色防控技术选用了低毒、安全、环境友好型农药品种，减少了田间的高毒农药施药量和施药次数，因而减少了对生态环境的破坏，有效保护了自然天敌，使棉田生态环境得到明显改善。同时，人畜农药中毒事件将基本杜绝，棉农劳动投入也明显较少，生物多样性也将得到较大提高。

5.5.4.3 社会效益

棉田有害生物防控技术的推广和应用，同样会取得显著的社会效益。具体体现在：①棉农和基层农技人员科技素质明显提高。项目实施后，应用区棉农将得到现场指导和专家授课，将培养一大批懂技术、善管理的植棉带头人，扭转大量、单一、无节制地使用高毒农药品种的现状。②开辟了一条科技入户的新途径。本研究在乡村振兴大背景下，将 PPP 模式与棉花优质棉基地建设相结合，通过政府和企业共同投入，进行棉田绿色防控技术的推广，体现了服务棉区、造福棉农的理念，为我国农业技术的科技入户工程树立了榜样，开辟了新途径。③倡导了科技兴棉的可持续发展理念。在广大棉区树立了科技服务生产、科技带动生产的科技兴农理念，让棉区棉农切实体会到科技是第一生产力，让广大科技工作者认识到科技只有面向农村，服务生产才更有价值。

第6章

硫丹替代技术的全国推广

6.1　全国推广培训

6.1.1　项目背景

为了进一步推广硫丹替代技术，针对禁用硫丹后棉田棉铃虫、棉蚜防治药剂的替代技术开发、棉花病虫害绿色防控技术模式的构建等技术环节，在“中国硫丹淘汰项目”的支持下，项目组于 2017—2018 年开展了棉田硫丹替代技术和绿色防控技术模式研究，筛选了以微生物农药，天敌昆虫，昆虫性信息素，高效、低毒、环境友好型化学农药为主的棉田硫丹替代技术，集成构建了棉花病虫害绿色防控技术模式。

为了提高我国产棉区基层农技人员和棉农对硫丹环境风险的认知，以及对棉田硫丹替代技术与全程绿色防控技术模式的应用程度，扩大硫丹淘汰项目在棉区的影响力，自 2020 年以来，项目组组织长江流域、黄河流域和西北内陆棉区的各级植保农技人员和棉农开展培训，并通过多种类型的宣传、培训、观摩，推广普及硫丹替代技术和棉花病虫害绿色防控技术模式。

6.1.2　活动情况

6.1.2.1　基层农技人员培训

（1）培训目的

培训目的是提高我国产棉区各级植保农技人员对硫丹风险、禁用政策的认知，同时从实践应用角度，更新硫丹替代应用技术，促进硫丹替代技术与全程绿色防控技术模式在棉区的应用。

---

* 本章由卓富彦、郭荣、朱景全、余浪完成。

（2）概况

根据项目实施方案的要求，培训班原计划于 2020 年棉花生长季在新疆棉区举办，但受新冠肺炎疫情的影响和防疫规定，将培训班安排在 2020 年 12 月 16—18 日于甘肃省敦煌市举办。培训班由全国农业技术推广服务中心主办，甘肃省植保植检站和敦煌市农技推广中心协办。来自全国农业技术推广服务中心病虫害防治处以及联合国开发计划署、生态环境部对外合作与交流中心等单位的专家参加了培训班。培训班一方面邀请专家授课，另一方面组织受训人员就今后如何做好棉田硫丹替代技术和绿色防控技术模式的应用进行专题讨论。甘肃省敦煌市同为我国西北内陆棉区，与新疆棉区具有较为相近的棉田生态特征。

（3）受训人员

培训班共培训 66 名学员，分别为来自河北、山东（黄河流域棉区），江苏、安徽、江西、湖北、湖南（长江流域棉区），甘肃、新疆（西北内陆棉区）等省（自治区）的农技推广人员、技术员，均直接从事棉花病虫害防治技术推广工作或棉花种植环节的技术指导工作。

（4）培训内容

培训内容包括硫丹的基本知识（理化特性、作用机理、毒理和毒性等），硫丹的环境风险，《斯德哥尔摩公约》有关条款以及国内外禁用政策法规，棉田硫丹替代技术，棉田病虫害全程绿色防控技术等。具体课程情况见表 6-1。

表 6-1　硫丹替代技术和棉花病虫害全程绿色防控模式农技人员培训内容

序号	培训专题
1	中国履行《斯德哥尔摩公约》进展
2	硫丹的毒性、环境风险、禁限用政策及替代技术
3	西北内陆棉区棉花有害生物绿色防控关键技术
4	棉田天敌昆虫增效应用技术

序号	培训专题
5	棉花主要害虫性信息素应用技术
6	生物制剂为棉花种植户提供可持续控害方案
7	生物源杀菌剂多抗霉素防治棉花病害应用技术
8	印楝素等生物农药在棉花绿色防控上的应用
9	浸种回干技术在棉花上的应用
10	棉花免疫增效技术
11	专题讨论：进一步推进棉花病虫害绿色防控的措施

6.1.2.2 棉农培训

（1）培训目的

提高棉农对硫丹风险和危害的认识，了解硫丹禁用相关政策，掌握棉田硫丹替代技术和棉花病虫害全程绿色防控技术模式。

（2）概况

根据项目实施计划，共举办了 2 期农民培训班，分别在长江流域棉区（江西赣北棉区）、西北内陆棉区（新疆南疆棉区）举办。培训班由全国农业技术推广服务中心举办，新疆维吾尔自治区植保站和江西省植保植检局分别协办。来自全国农业技术推广服务中心防治处、生态环境部对外交流合作中心等单位的专家参加了培训班。参训农户主要为当地棉农、植棉合作社的技术骨干、植棉大户、村干部、村农技员等，共计 231 人（表 6-2）。每个培训班培训 0.5 天。

表 6-2 硫丹替代技术农民培训活动汇总

期次	时间	地点	人数
1	2020 年 10 月 28 日	江西彭泽县	100 人
2	2021 年 4 月 27 日	新疆伽师县	131 人

（3）培训内容

针对棉农的培训内容安排了共性专题和当地棉区专用技术两个部分。共性专题包括中国履行《斯德哥尔摩公约》进展、硫丹的风险和危害及禁用政策；专用技术部分根据新疆南疆棉区、江西赣北棉区棉田主要害虫防治需求和绿色防控技术模式，安排了棉花主要害虫性信息素应用技术、高效环保型药剂应用技术等专题（表 6-3）。

表 6-3　硫丹替代技术和棉花病虫害全程绿色防控模式农民培训内容

序号	培训专题	江西班	新疆班
1	中国履行《斯德哥尔摩公约》进展	√	√
2	硫丹的毒性、环境风险、禁限用政策及替代技术	√	√
3	西北内陆棉区棉花有害生物绿色防控关键技术		√
4	长江流域棉区棉花病虫害全程绿色防控技术	√	
5	棉田天敌昆虫保护和增效应用技术	√	
6	棉花主要害虫性信息素应用技术	√	√
7	微生物农药与生态友好型化学农药	√	
8	印楝素等生物农药在棉花绿色防控上的应用		√

6.1.2.3　培训成效

系列培训强化了基层农技人员和受训棉农有关硫丹淘汰和应用替代技术的认知程度，一定程度上转变了受训人员对硫丹淘汰后应用棉田病虫害绿色防控技术模式的态度，普及了昆虫性诱剂技术、微生物农药技术以及如何利用自然天敌控制病虫害。

培训活动邀请所在地政府领导、农业主管部门领导参加，提高了政府政策决策者对“中国硫丹淘汰项目”和棉田绿色防控技术模式的了解。培训班的信息和成效通过网络、电视等途径进行传播，省、市、县等各级媒体宣传介绍了全球环境基金“中国硫丹淘汰项目”，系统报道了培训班取得的积极成效，提高了项目的舆论关注度和公众熟悉度，营造出履约《斯德哥尔摩公约》的良好氛围。对受训人员的问卷评估结果表明，受训学员均较大程度地掌握了硫丹危害知识、硫丹禁用政策、硫丹替代技术等方面的知识，并对未来应用硫丹替代技术和棉花病虫害绿色防控技术模式给出了积极的态度及行为表现，对于进一步扩大硫丹淘汰项目的影响力，巩固中国硫丹淘汰项目成果可发挥更大的作用。

6.1.2.4　存在的问题及建议

针对基层农技人员和棉农的培训，是认识硫丹禁用意义和掌握硫丹替代技术的有效途径。建议下一步增加项目的支持力度，在已有培训的基础上，向其他未培训的棉区扩展，形成三大棉区培训同步辐射、同频共振，持续扩大“中国硫丹淘汰项目”的影响力。同时，考虑到目前城镇化步伐加快，随着青壮劳动力进城务工，妇女逐渐成为农村留守主力，建议下一步加大对从事棉花种植生产的农村妇女的专项培训，有的放矢地示范推广硫丹替代技术，不断提高棉花种植的科学化水平，提高项目实施中女性棉农的参与度。

6.2　性别主流化培训

6.2.1　培训背景

为了提高新疆女性棉农和基层技术人员对硫丹环境风险的认知，强化其决策行为能力，扩大硫丹淘汰项目在棉区的影响力，2021 年 7 月，全国农业技术推广服务中心针对女性农技人员和棉农在新疆博尔塔拉蒙古自治州举办了棉田病虫害防治培训活动，同期针对植棉大户、合作社等新型经营主体的从业技术人员，开展了有关硫丹危害和禁用政策、棉田替代技术和绿色防控技术模式的认知水平的问卷调查。

6.2.2 活动情况

根据项目实施方案要求，培训活动安排在2021年7月21—22日于博尔塔拉蒙古自治州举办。培训班由全国农业技术推广服务中心主办，新疆维吾尔自治区植物保护站、博州农业技术推广中心、博乐市农业技术推广中心协办。来自生态环境部对外合作与交流中心、全国农业技术推广服务中心病虫害防治处、联合国开发计划署（UNDP）、博州人民政府、博州农业农村局等单位的专家参加了培训班。

（1）受训人员

培训班共培训46名学员，其中棉农26人，基层农技人员20人。棉农以博乐市本地来源为主。基层农技人员主要来自伊犁州、塔城地区、昌吉州、哈密市、和田地区、喀什地区、巴州等地，多数为市、县、乡镇和专业种植合作社的农技推广人员、技术员，且直接从事棉花病虫害防治技术推广工作或棉花种植环节的技术指导工作。

（2）培训内容

培训内容涵盖田间观摩和室内授课两个部分。田间观摩分别在博乐市达勒特镇都图敖博村棉花病虫害综合防治示范田、博乐市贝林哈日莫墩乡棉花生物农药防治棉蚜对比试验示范田进行。室内授课包括硫丹的基本知识（理化特性、作用机理、毒理和毒性等），硫丹的环境风险，《斯德哥尔摩公约》有关条款以及国内外禁用政策法规，棉田硫丹替代技术，棉田病虫害全程绿色防控技术，社会性别敏感的参与式农技传播方法。具体课程见表6-4。

表6-4 培训内容

序号	培训专题
1	中国履行《斯德哥尔摩公约》进展
2	硫丹的毒性、环境风险、禁限用政策及替代技术
3	棉田微生物农药应用技术

序号	培训专题
4	棉花病虫害绿色防控技术
5	生物防治技术的实践与应用
6	科学规范喷施农药
7	棉田杀虫剂安全使用及减量增效
8	社会性别敏感的参与式农技传播方法
9	专题讨论：进一步推进棉花病虫害绿色防控的措施

6.2.3　培训成效

针对女性开展棉田病虫害防治培训活动，宣传培训我国《斯德哥尔摩公约》履约进展、硫丹风险及淘汰的相关法律法规、棉花棉铃虫等主要害虫绿色防控技术，强化了女性棉农和基层农技人员对有关硫丹淘汰和应用替代技术的认知程度，一定程度上转变了受训人员对硫丹淘汰后应用棉田病虫害绿色防控技术模式的态度，普及了昆虫性诱剂技术、微生物农药技术以及如何利用自然天敌控制病虫害。同时，邀请了中国农业大学学者针对女性棉农开展性别主流化培训，更加有利于激发男女平等的意识，提高妇女的决策能力与水平，更好地推动棉花科学高效的生产管理。

第 7 章

棉农知识态度和行为调查研究

7.1　背景

2017—2018 年项目开展了棉田硫丹替代技术和绿色防控技术模式研究，筛选了以微生物农药，天敌昆虫，昆虫性信息素，高效、低毒、环境友好型化学农药为主的棉田硫丹替代技术，集成构建了棉花病虫害绿色防控技术模式。为了提高棉花种植人口对硫丹环境风险的认知，以及对棉田硫丹替代技术与全程绿色防控技术模式的应用程度，扩大硫丹淘汰项目在棉区的影响力，2020—2021 年，项目组组织长江流域、黄河流域和西北内陆棉区的植棉农户开展培训，并通过多种类型的宣传、培训与观摩，推广普及硫丹替代和病虫害绿色防控技术。

为了准确掌握我国主要植棉省份棉花种植人口对硫丹替代技术和棉花病虫害绿色防控技术模式的掌握程度，评估硫丹淘汰项目在产棉区的实施效果，2020—2021 年，项目组在我国三大棉区的主要省份，针对直接从事棉花种植的目标人群，开展了硫丹淘汰政策与替代技术相关知识、态度和行为的问卷调查，分析和评估硫丹在中国棉区淘汰后，植棉农户对相关政策和知识的了解程度，对硫丹替代技术和病虫害绿色防控技术模式的掌握程度以及应用现状，也为最终评估棉区实施硫丹淘汰项目的成效提供数据支持。

7.2　调查方法

7.2.1　评估方法

在我国主要植棉省份，以直接从事棉花种植业的农户为目标人群，其中，参与硫丹替代技术相关项目活动、接受项目举办的培训人员为调

* 本章由卓富彦、唐睿、朱景全、朱晓明、余浪、张扬完成。

查样本，尚未直接参与硫丹替代技术项目活动和培训的人员作为对照样本。评估采用问卷调查的方法，每位被调查人独立填写 1 份问卷。对照样本和调查样本分别于 2020 年 8 月、2020 年 10 月开展调查并回收问卷。2021 年 3 月，重点针对西北内陆棉区再次进行样本调查，使用了优化的调查问卷。将纸质调查问卷录入 Excel 数据表，数据统计和分析通过 Excel 的数据分析模块完成，处理与制图通过 Excel 绘图模块完成。

7.2.2 调查内容设计

调查针对产棉区农户的有关硫丹淘汰和替代技术的相关知识、态度和行为（KAP）设计问卷，力求客观评估农户对硫丹淘汰政策和替代技术的认知程度和应用状况。调查内容包括以下 4 个方面（本章附录）：

①被调查人基本情况。包括姓名、性别、民族、年龄区间、教育背景、家庭中的生产决策地位和植棉面积。

②硫丹淘汰的相关知识。被调查人员对硫丹的基本认知情况，包括对硫丹的知晓和使用、所属农药类型、防治靶标对象、毒性、对人体健康和生态环境的负面影响、禁限用状况和销售现状。

③对硫丹淘汰和应用替代技术的态度。被调查人员对硫丹替代后的影响、害虫防控技术的掌握程度，对使用硫丹替代技术的态度，棉田病虫害防治的药剂选择趋向，硫丹淘汰对人类健康和环境改善的作用和对硫丹淘汰技术培训的态度等。

④应用硫丹替代技术的行为。包括被调查人员使用棉田硫丹替代技术的情况，当前应用硫丹替代技术情况，棉田防治棉铃虫、棉蚜的施药种类及次数，以及对替代技术防效的满意度和使用推荐度、农药残留和风险的相关知识掌握情况等。

7.2.3 抽样方法

项目共计调查植棉农户 261 人，来自河北、安徽、江西、山东、甘肃、新疆等棉花主要产区，且为直接的棉花种植人口。样本组共 216 人，为硫丹淘汰项目支持的棉田硫丹替代技术和绿色防控技术培训直接受益人；空白对照组共 45 人，为未直接参与硫丹淘汰项目培训或参与项目培训之前即完成调查的人员。

7.2.4　硫丹淘汰和替代技术培训

由“中国硫丹淘汰项目”支持的“全国棉田硫丹替代技术和绿色防控技术培训”于 2020 年 10 月 29 日在江西彭泽县举办，包括被调查人员在内有超过 100 人参加培训；2021 年 4 月 27 日在新疆伽师县举办，包括被调查人员在内有超过 120 人参加培训。培训内容包括硫丹淘汰的相关法律法规，棉花棉铃虫等主要害虫发生规律和绿色防控技术，硫丹替代技术和应用方法，棉花病虫害绿色防控技术模式。

7.3　结果与分析

7.3.1　人员基本情况

7.3.1.1　人员来源

对照组 45 人分别来自安徽、山东、甘肃、河北、江西及新疆共 6 个省（自治区），其中江西占比 46.7%，占比最高，其次分别为新疆占比 17.8%、河北占比 13.3%、山东占比 8.9%、安徽和甘肃均占比 6.7%。样本组 216 人，以来自新疆为主，占比 56%，其余来自江西，占比 44%（图 7-1）。为体现调查人群多样性，受训组中增设性别和民族调查，结果显示男性占比 70.8%，女性占比 29.2%；受训组少数民族占比 53.7%，汉族占比 46.3%。

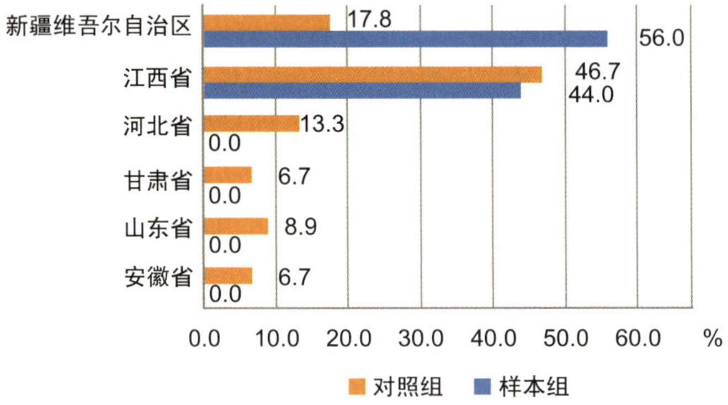

图 7-1 被调查人员地域分布

7.3.1.2 人员构成

（1）年龄

对照组年龄分布为 5 个年龄段，其中 51～60 岁最为集中，占比 37.8%，41～50 岁占比 28.9%，31～40 岁占比 15.6%，21～30 岁占比 2.2%，61 岁以上占比 15.6%。样本组年龄分布为 6 个年龄段，占比最高为 31～40 岁，占比 28.7%，其次为 41～50 岁，占比 24.9%，21～30 岁占比 21.8%，51～60 岁占比 22.7%，61 岁以上占比 1.4%，20 岁以下占比 0.5%（图 7-2）。从年龄构成来说，样本组较对照组更加多样、均衡。

（2）教育背景

对照组中，占比最高为高中或中专及以上学历，占比 40.0%，初中文化占比 37.8%，小学文化占比 17.8%，小学以下文化占比 4.4%。样本组主要由初中学历组成，占比 57.4%，高中或中专及以上学历占比 22.7%，小学文化占比 17.1%，小学以下文化占比 2.8%（文盲占比 0.5%）。样本组教育背景整体较对照组低，但多样性更高。

（3）家庭生产决策地位

对照组参与人员 100%为家庭主要劳动力和生产决策者。样本组 80.6%

人员为决策人，其余 19.4%并非主要劳动力和决策者。从参与调查者的构成可见，项目调查任务逐步重视采样对象的多样性（图 7-2）。

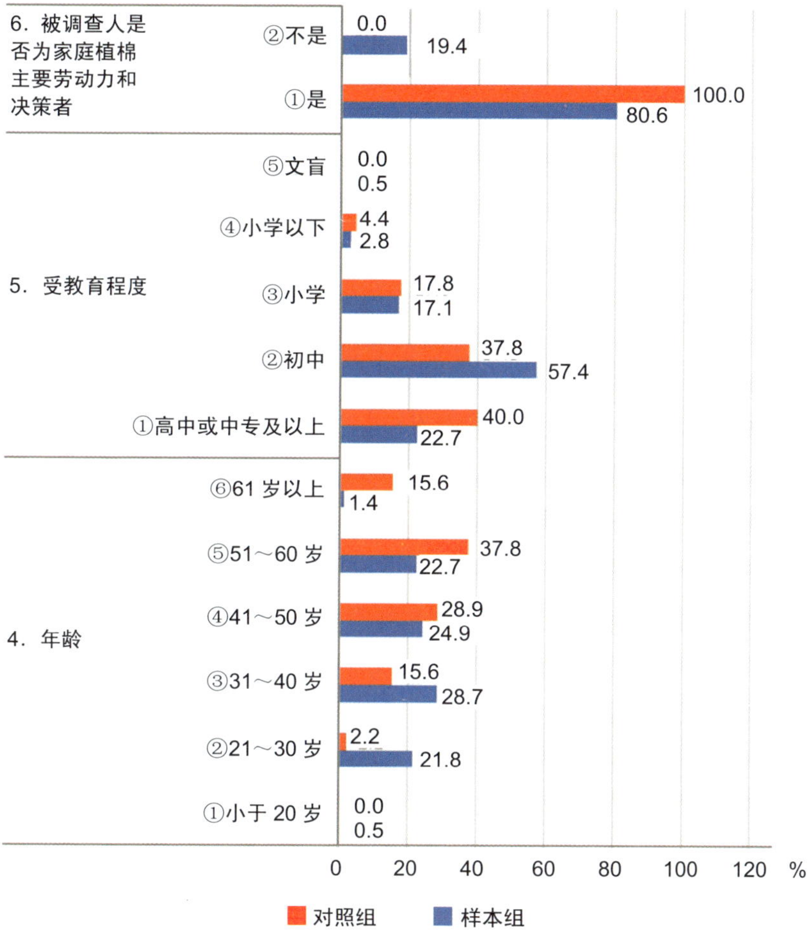

图 7-2　被调查人员构成

（4）植棉面积

对照组农户每户平均植棉面积 79.4 亩。样本组中江西农户平均植棉以 0～50 亩为主，占 68.9%，50～100 亩占 16.9%，100～500 亩占 11.3%，500

亩以上占 2.8%；新疆农户平均植棉面积 5.4 亩。该项中调查来源差异较大，可能导致其对植保的需求有所差异。

7.3.2 硫丹相关知识

7.3.2.1 硫丹农化和应用属性

（1）使用和知晓情况

对照组有66.7%的人曾使用过硫丹，17.8%没有使用过硫丹，其余15.5%不记得；而样本组有29.6%的人曾使用过硫丹，40.3%未用过，30.1%不记得。对照组有84.4%的人知晓硫丹为杀虫剂，13.3%不知道硫丹属于哪类农药；样本组有95.8%的人认为硫丹是杀虫剂，0.9%认为硫丹是杀菌剂/除草剂，3.3%的人不知道硫丹的功能分类。

（2）化学类别

对照组 24.4%的人知晓硫丹属于有机氯化合物，8.9%的人认为是有机磷类，15.6%认为是其他类，4.4%认为是拟除虫菊酯类，46.7%表示不知道。样本组 38.4%的人知晓硫丹属于有机氯类农药，19.0%的人认为硫丹属有机磷类，8.3%认为是拟除虫菊酯类，1.9%认为是其他类，32.4%表示不知道。样本组较对照组明显提高了硫丹的化学背景知识。

（3）硫丹的毒性

对照组最多40.0%的人认为硫丹为高毒，33.3%认为硫丹属剧毒，11.1%认为是中等毒，15.6%表示不知道。样本组47.2%的人认为硫丹属剧毒，38.4%认为是高毒，3.2%认为是中等毒，0.5%认为是低毒，10.7%表示不知道。该项调查表明培训活动提高了农户对硫丹毒性的警惕。

（4）硫丹的用途

对照组 73.3%的人认为硫丹可防治棉铃虫，48.9%认为可防治棉蚜，13.3%认为可防治红蜘蛛，13.3%表示不知道。样本组 73.6%的人认为硫丹在棉田主要用于防治棉铃虫，65.7%认为可防治棉蚜，65.3%认为可防治红蜘蛛，13.0%认为可防治铃病，0.9%认为可防治黄萎病，2.8%认为可防治其他害虫，4.6%表示不知道。调查表明培训活动在农户中明确了硫丹的广谱杀虫特性。

（5）硫丹的优势

对照组农户中48.9%的人认为硫丹的优势为速效，42.2%认为硫丹可兼治棉铃虫和棉蚜，28.9%认为硫丹持效期长，20.0%认为硫丹价格便宜，22.2%表示不知道。样本组农户中65.3%的人认为硫丹速效，56.9%认为硫丹可兼治棉铃虫和棉蚜，34.7%认为硫丹持效期长，12.5%认为硫丹价格便宜，6.9%表示不知道。该项调查表明，样本组农户通过培训较好地了解了硫丹的化学属性在应用中的优势（图7-3）。

7.3.2.2　硫丹的环境特性

（1）硫丹对人的影响

对照组 66.7%的人认为施用硫丹对人的健康不好，26.7%不知道是否有影响，6.6%认为对人体没有影响。样本组 93.5%的人认为硫丹对人体不好，0.9%认为没影响，其余 5.6%表示不知道。该项调查表明培训起到了明显效果，农户大多认识到了硫丹施用对人体健康具有影响。

（2）硫丹的环境生物毒性

对照组 53.3%的人认为硫丹会杀死蜜蜂和鸟类，8.9%认为不会，37.8%表示不知道。样本组 86.6%的人认为硫丹会杀死蜜蜂和鸟类，5.1%认为不会，8.3%表示不知道。该项调查表明，培训活动显著加深了农户对硫丹环境毒性的认识。

（3）硫丹的环境残留特性

对照组 46.7%的人认为硫丹会在土壤中长期残留，53.3%表示不知道。样本组 91.7%的人认为硫丹可长期残留，2.8%认为不会，5.5%表示不知道。该项调查显示培训活动极显著加深了农户对硫丹 POPs（持久性有机污染物）属性的认识（图 7-4）。

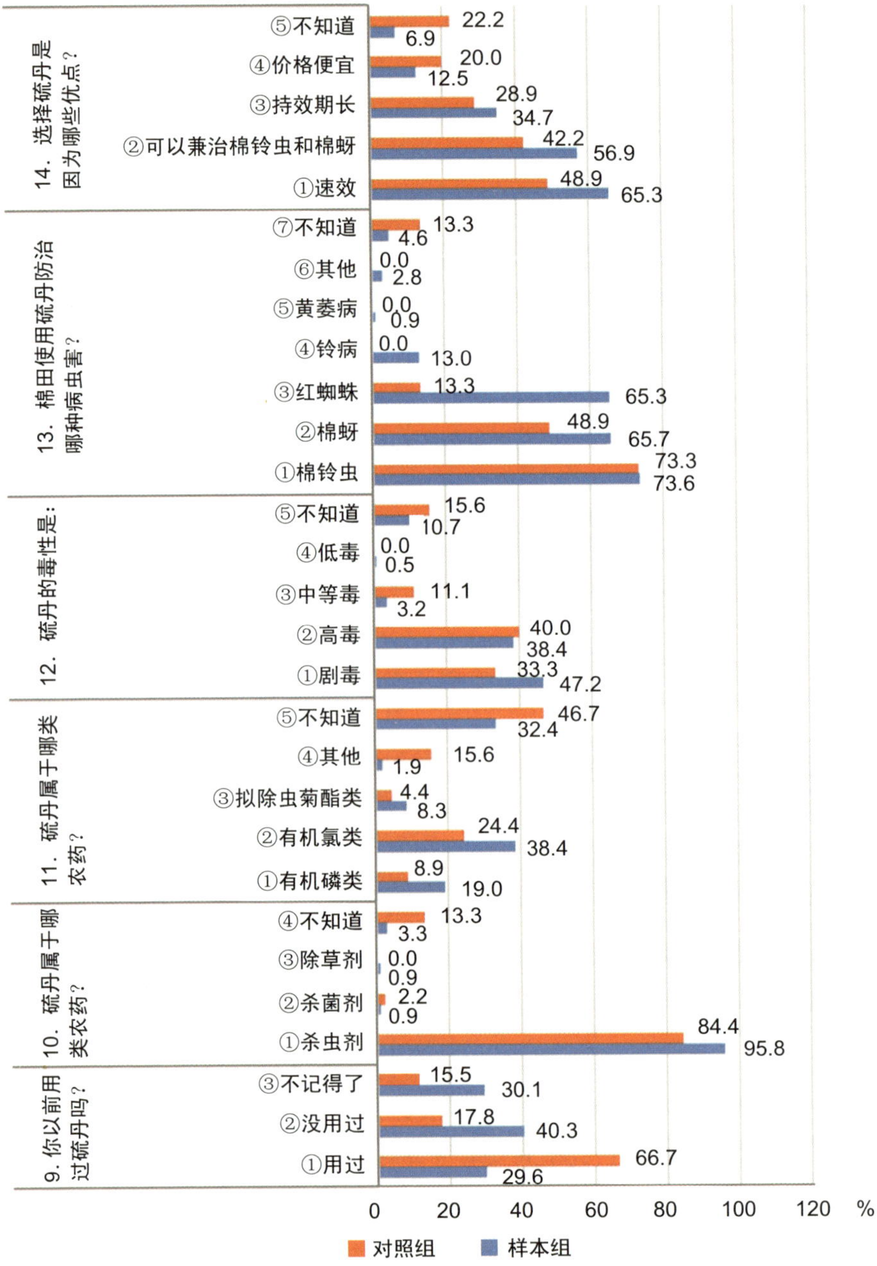

图 7-3 对硫丹农药属性及用途的认识

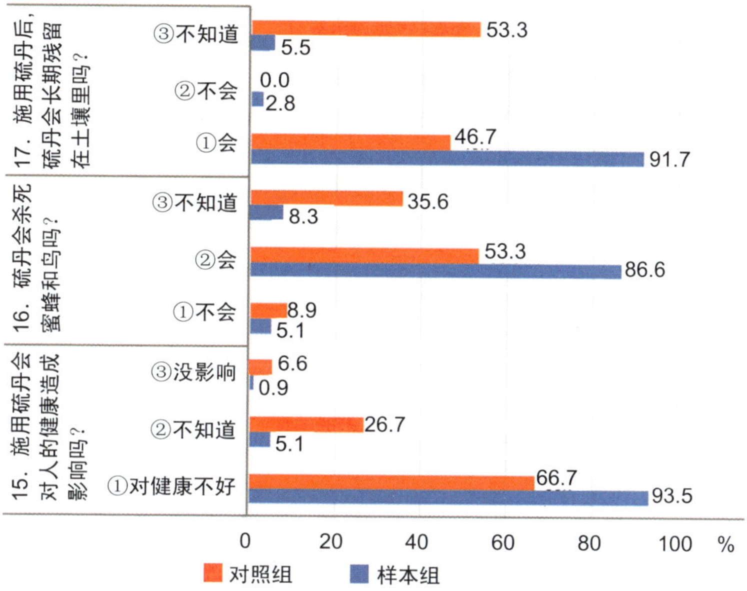

图 7-4　硫丹环境特性与现状

7.3.3　对硫丹淘汰和应用替代技术的态度

7.3.3.1　对硫丹淘汰的知晓情况

（1）硫丹禁用现状

对照组 77.8%的人知晓硫丹已禁用，22.2%表示不知道。样本组 91.2%的人知晓硫丹已禁用，8.8%表示不知道。表明培训活动成功在农户中传递了硫丹禁用的现状。

（2）知晓途径

对照组 66.7%的人从农技人员处得知硫丹已禁用，51.1%从经销商处得知，6.7%通过病虫情报得知，4.4%从电视广播得知，2.2%从邻居亲戚处得知。样本组 93.1%的人从农技人员处得知，24.1%从经销商处得知，16.2%通过病虫情报得知，19.4%从电视广播得知，2.3%从邻居亲戚处得知。由此可见，培训活动是样本组农户得知硫丹现状的主要途径。

（3）硫丹经销现状

对照组 97.8%的人表示现在无法买到硫丹，2.2%认为可以买到。样本组 96.8%的人表示已无法购买，3.2%表示可以买到（图 7-5）。

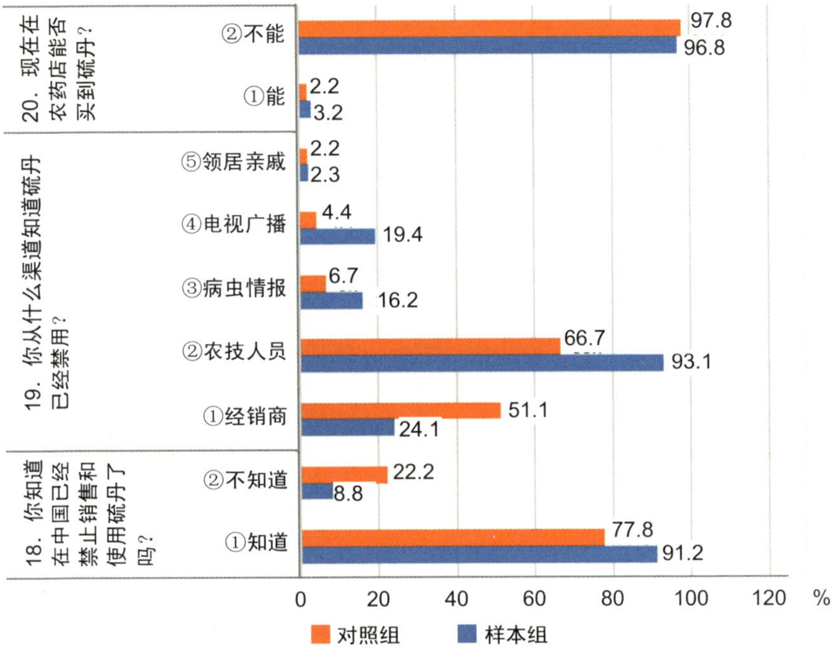

图 7-5　对硫丹禁用的知晓和获知渠道

7.3.3.2　硫丹淘汰对棉花害虫防治的影响

对照组 77.8%的人认为硫丹淘汰对棉花害虫防治无影响，100%认为有替代方法，100%认为替代方法有效；8.9%认为其他药剂没有硫丹防效好，6.7%认为其他药剂价格高，8.9%表示不知道。样本组 77.8%的人认为硫丹淘汰对棉花害虫防治无影响，8.3%认为其他药剂没有硫丹效果好，6.0%认为其他药剂价格偏高，15.7%表示不知道；92.1%认为有硫丹替代方法，93.5%认为硫丹替代方法有效，1.4%认为没有替代方法，0.9%认为替代方法不行，4.6%表示不知道。可见，硫丹作为高效、广谱、低价的植保产品，存在一定的替代难度，对于其他硫丹可用替代方法的熟化推广还需努力。样本组能够更客观地分析硫丹禁用对棉花害虫防治的影响。样本组和对照组均对目前具有硫丹替代方法且有效的观点表现出积极的态度（图 7-6）。

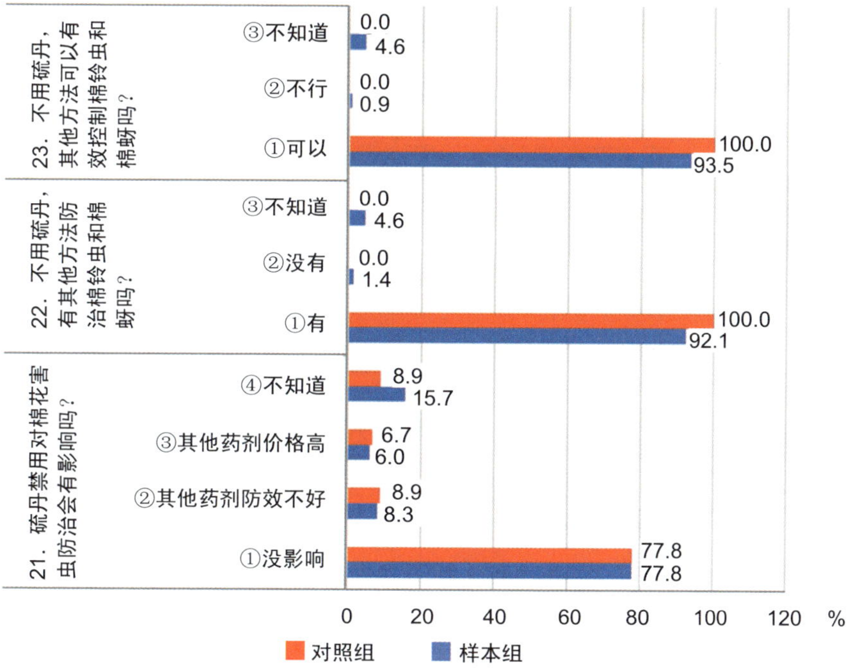

图 7-6　对硫丹禁用影响态度

7.3.3.3　棉田农药选择标准

对照组中，选择农药的标准依次为防效好（91.1%）＞持效期长（75.6%）＞毒性低（57.8%）＞价格低（40.0%）＞残留少（37.8%）＞对天敌安全（24.4%）。样本组农药选择标准依次为防效好（82.9%）＞毒性低（72.2%）＞对天敌安全（65.3%）＞残留少（64.4%）＞持效期长（49.1%）＞价格低（42.6%）。调查表明作为植棉农业人口，农户对防效的根本需求是其植保理念，通过培训加深了农户对环境因素的重要性的认识，对于棉田农药的选择更具有多样性（图 7-7）。

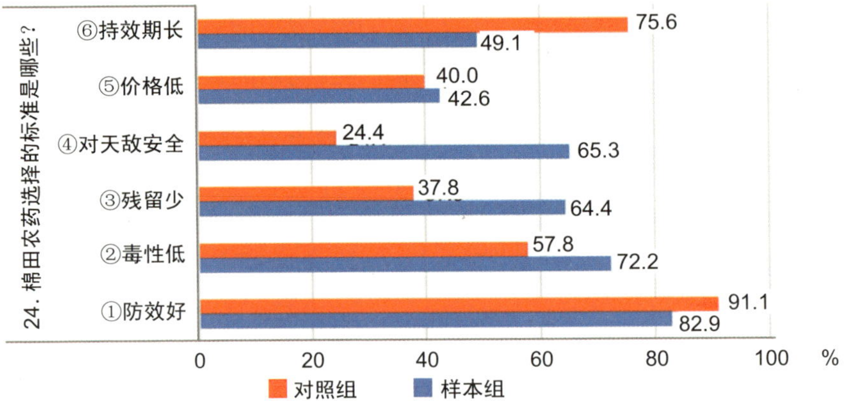

图 7-7 农药选择标准

7.3.3.4 硫丹淘汰产生的影响

对照组 77.8%的人认为硫丹淘汰后对人类健康有益，44.4%认为可减少土壤残留，20.0%认为对天敌安全，15.6%表示不知道。样本组 78.2%的人认为对人类健康有益，74.5%认为可减少土壤残留，58.3%认为对天敌安全，5.6%表示不知道。该项调查显示，对照组和样本组均较为明确硫丹淘汰后对人类健康有益，而样本组经过培训后，对硫丹淘汰后环境收益的认识有显著提高（图 7-8）。

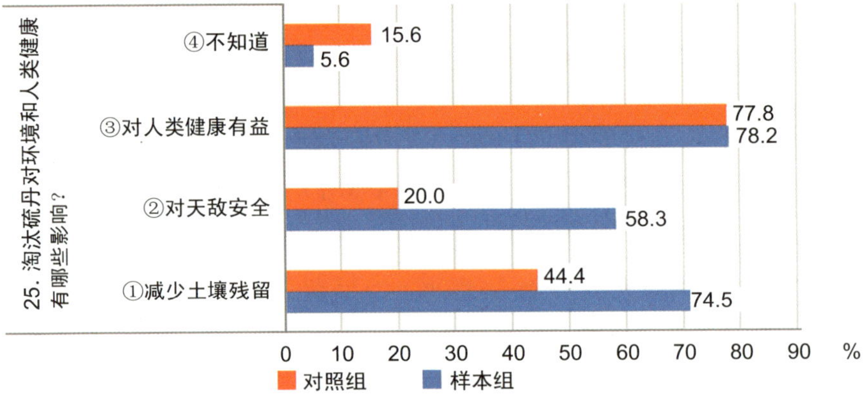

图 7-8 硫丹淘汰后产生的影响

7.3.3.5　未来植保思路

（1）是否接受生物或生态方法

对照组 68.9%的人愿意选择稍贵的生物或生态方法，11.1%表示不愿意，20.0%表示不确定。样本组 85.6%的人表示愿意选择稍贵的生物或生态方法，5.6%表示不愿意，7.9%表示不确定。调查显示，经过培训后的农户对未来选药标准更加明确，并且更愿意尝试生态或生物方法。

（2）是否愿意参加农药禁限用培训

对照组 88.9%的人表示愿意进一步参加农药禁限用培训活动，8.9%表示不感兴趣，2.2%表示不清楚。样本组 95.4%的人表示愿意参加培训，0.5%表示不感兴趣，3.2%表示不清楚。该调查充分显示了农户对培训活动的渴望，因此推广中应进一步增强针对农户培训的活动力度（图 7-9）。

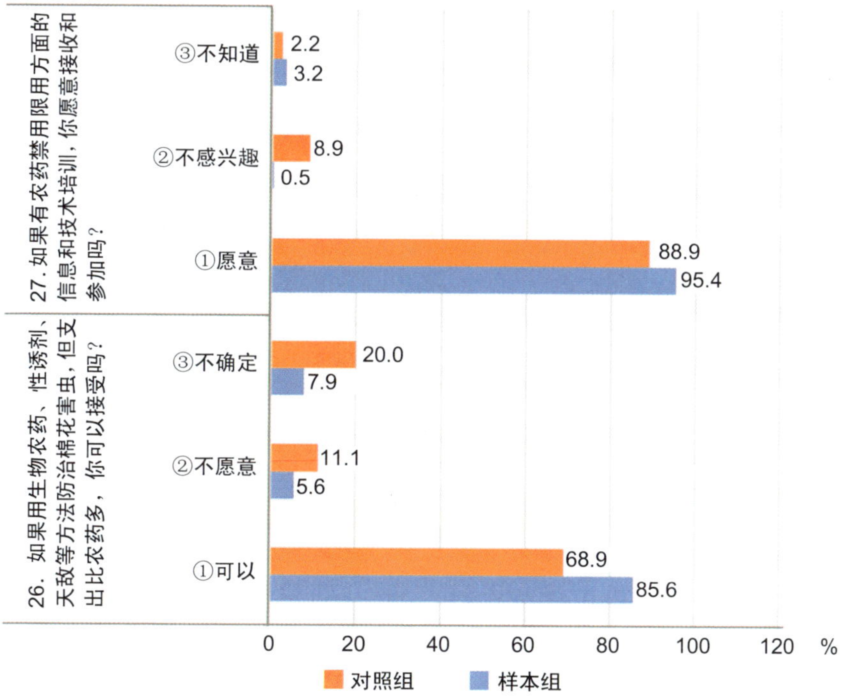

图 7-9　农户未来植保思路

7.3.4　应用硫丹替代技术和绿色防控技术模式的行为

7.3.4.1　应用硫丹替代技术

在调查防治棉铃虫和棉蚜的硫丹替代技术实施中，对照组 86.7%的人使用了其他化学农药，40.0%使用生物农药，28.9%使用杀虫灯，13.3%使用黄板，6.7%使用性诱剂，4.4%使用释放天敌技术。样本组 74.1%的人使用性诱剂，47.7%使用杀虫灯，46.8%使用生物农药，38.9%使用释放天敌技术，36.1%使用其他化学农药，21.3%使用黄板，还有 4.2%未用过以上方法。样本组与对照组的差异主要表现在选择性诱剂和其他化学农药上，对照组大量使用了化学农药替代技术，而样本组多结合诱捕、生物和天敌技术进行综合替代防治（图 7-10）。

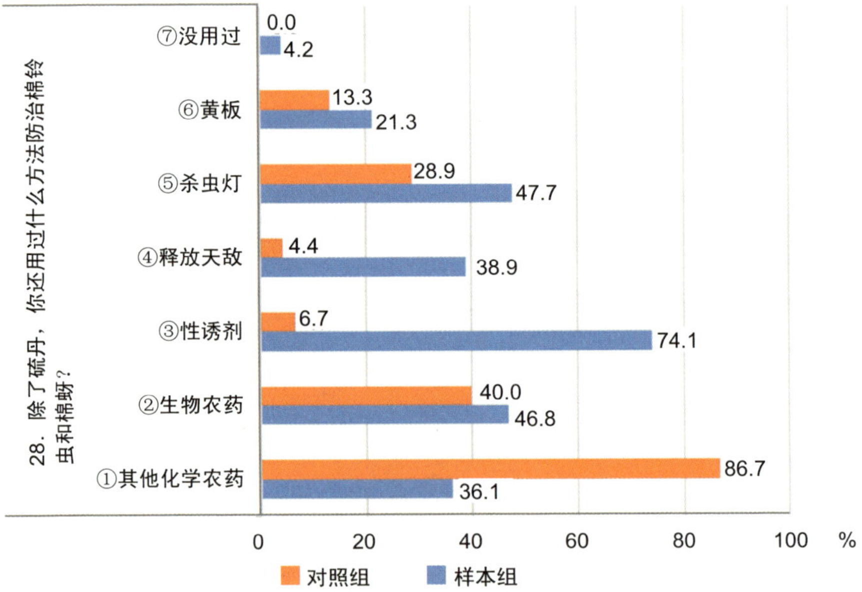

图 7-10　应用硫丹替代技术

7.3.4.2　现行防治棉铃虫和棉蚜的技术措施

（1）常用药剂品种

在防治棉铃虫和棉蚜的药剂中，由被调查人选择最常用的 4 个药剂品种。依照选择优先程度，对照组主要为甲维盐、阿维菌素、吡虫啉、啶虫脒、菊酯类、毒死蜱等，少数有康宽、Bt、棉铃虫 NPV、敌敌畏等。样本组主要为康宽、阿维菌素、吡虫啉、多杀菌素等。该项调查中两组人员的调查内容差异不大，但样本组中不包含已禁限用药品，并且以靶性/生物源药剂为主。

（2）每季防治棉铃虫和棉蚜的施药次数

对照组和调查样本组均未出现不施药的情况，对照组 42.2%的人打药 4～5 次，35.6%打药 2～3 次，22.2%打药 6 次以上。样本组 65.3%的人打药 2～3 次，16.7%打药 4～5 次，7.9%打药仅 1 次，10.1%打药 6 次以上。对照组平均打药次数较样本组更高，样本组整体打药频率较为合理，集中在 2～3 次。

（3）选药信息来源

对照组 66.7%的人由经销商推荐选药，57.8%由农技人员推荐，55.6%依靠经验，26.7%根据病虫情报推荐，13.3%看标签后决定，11.1%由邻居或亲友推荐，2.2%由商业广告推荐。样本组 93.5%的人由农技人员推荐，36.1%由经销商推荐，29.2%由病虫情报推荐，18.5%根据经验决定，17.6%看标签后决定，5.6%由邻居或亲友推荐，1.4%由商业广告推荐，另有 0.9%从其他渠道决定。样本组用药明显由农技人员主导，比起由经销商主导的对照组，整体信息渠道更加合理（图 7-11）。

7.3.4.3　硫丹替代技术应用

（1）应用现状

调查问卷给出了转基因棉品种、瓢虫和草蛉、释放天敌赤眼蜂、性诱剂、微生物农药、杀虫灯共6个选项（图7-12）。对照组82.2%的人使用转基因棉品种，37.8%使用杀虫灯，31.1%使用微生物农药，11.1%使用性诱剂，4.4%使用瓢虫和草蛉，4.4%的人不知道，无人使用赤眼蜂技术。样本组69.0%的人使用转基因棉品种，56.0%使用性诱剂，45.8%使用瓢虫和草蛉，40.7%使用杀虫灯，35.6%释放赤眼蜂，35.2%使用微生物农药，另有2.8%的人不知道。从替代技术的应用情况来看，样本组较对照组明显能够主动选择应用农药替代技术，对诱捕、天敌等生态技术认识和信任程度较高，对照组主要依靠转基因棉品种，在替代方法的选择性上被动程度较高。

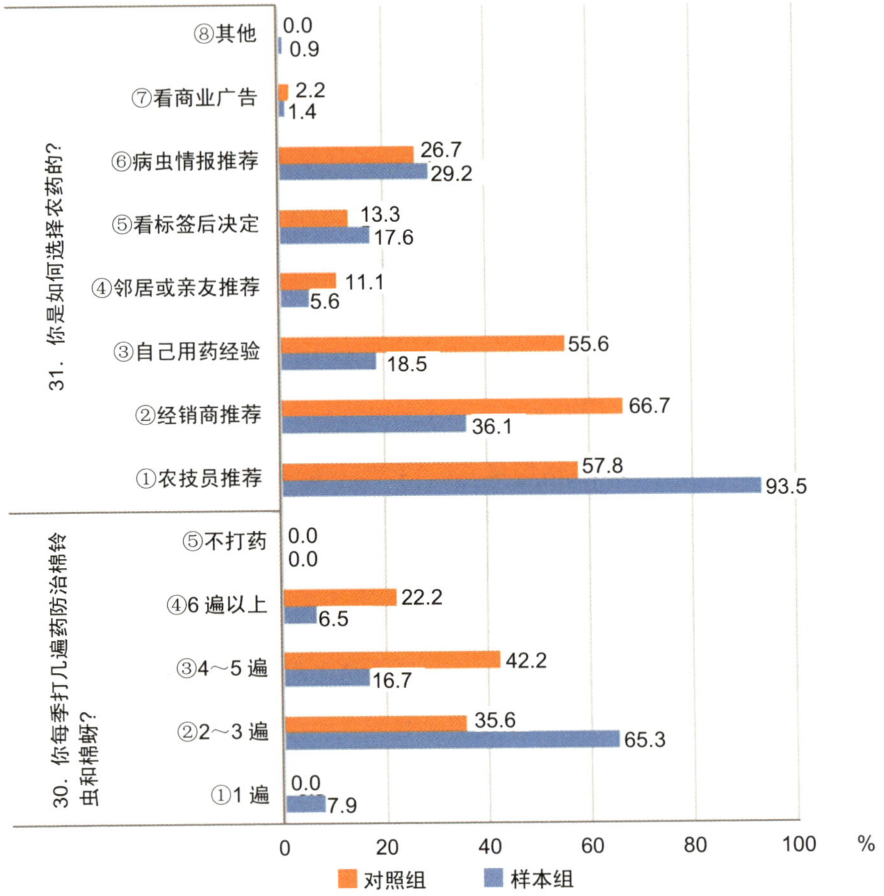

图 7-11　现行棉铃虫和棉蚜防治措施

（2）满意度调查

对照组中 91.1%的人对现行方法满意，8.9%不满意。样本组 94.9%的人表示满意，4.6%表示不满意，0.5%表示不清楚。该项内容未见显著差别，但对照组农户更趋于改善现有种植中所用的替代技术模式（图 7-12）。

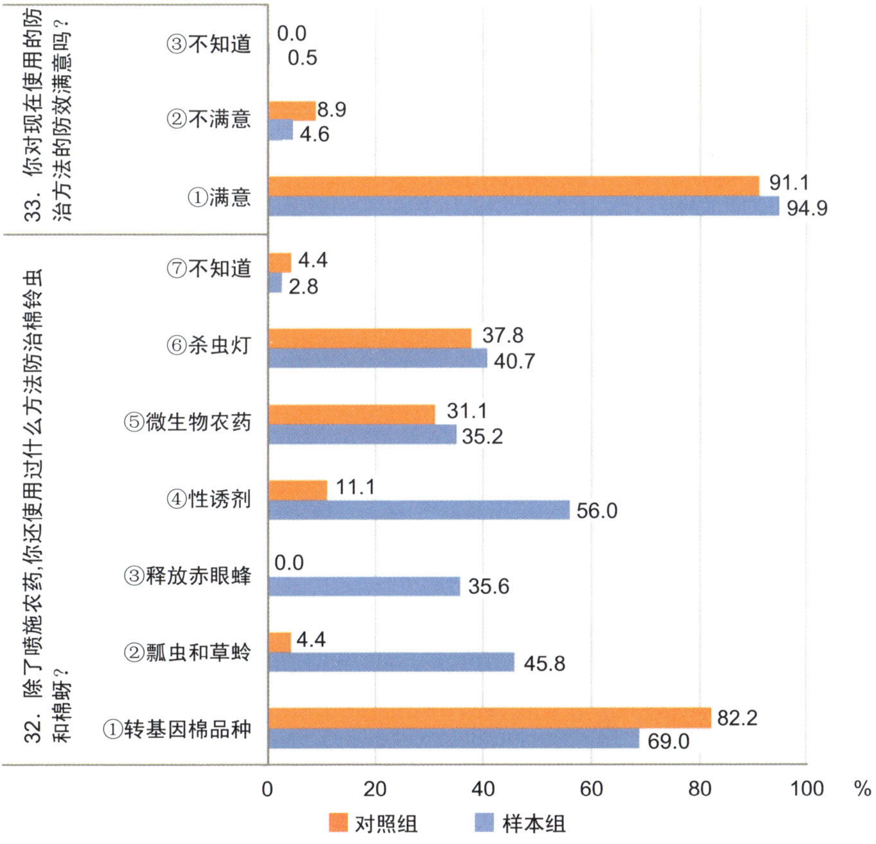

图 7-12　替代技术应用情况

7.3.4.4　对农药残留的认识情况

（1）对农药残留的基本认识

第三次调查中我们增设了样本组农户对农药残留的认识调查，结果显示，样本组30.8%的人对农药残留有一般了解，12.6%的人稍微知道一些，19.8%的人非常了解，33.5%的人特别了解，3.3%的人完全不了解。

（2）大量使用农药是否会造成农药残留。样本组 70.0%的人认为会造成农产品和环境农药残留，15%认为肯定会，7.2%认为可能会，4.2%认为不会，另有 3.6%表示不清楚（图 7-13）。

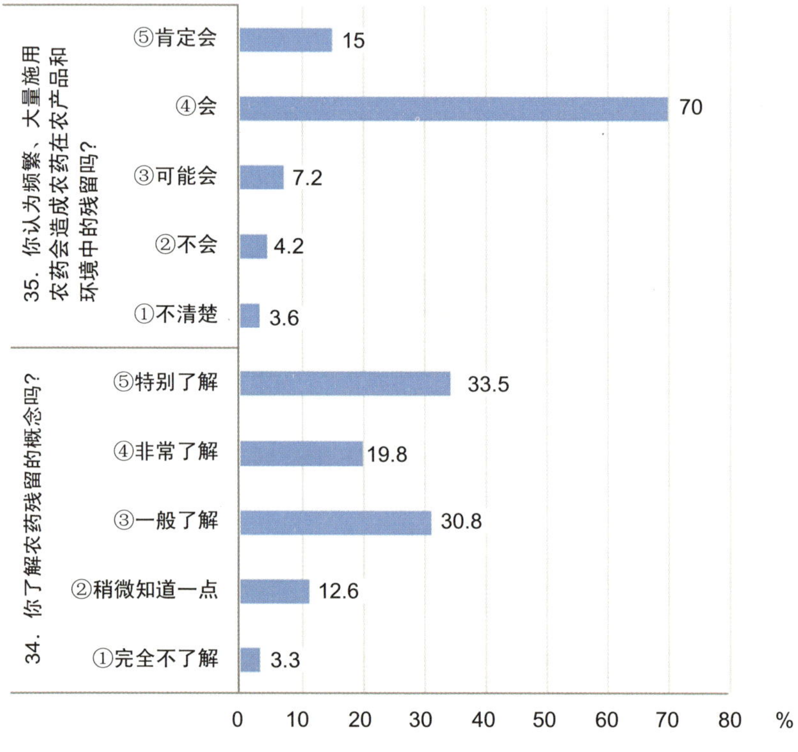

图 7-13　样本组对农药残留的基本认识

7.3.4.5　农药残留的影响

（1）高残留是否影响农产品品质

样本组12.2%的人赞同高残留会影响农产品品质，54.2%表示特别赞同，12%表示非常赞同，7.5%表示不赞同，另有14.1%表示非常不赞同。

（2）农作物上农药残留会降低农作物价格

样本组 19.4%的人表示赞同，54.2%表示特别赞同，13.5%表示非常赞同，7.2%表示不赞同，另有 5.7%表示非常不赞同。

（3）农药残留将带来食品安全风险

样本组 68.5%的人表示特别关心，16.5%表示比较关心，5.7%表示关心，8.1%表示有所关心，1.2%表示不关心（图 7-14）。

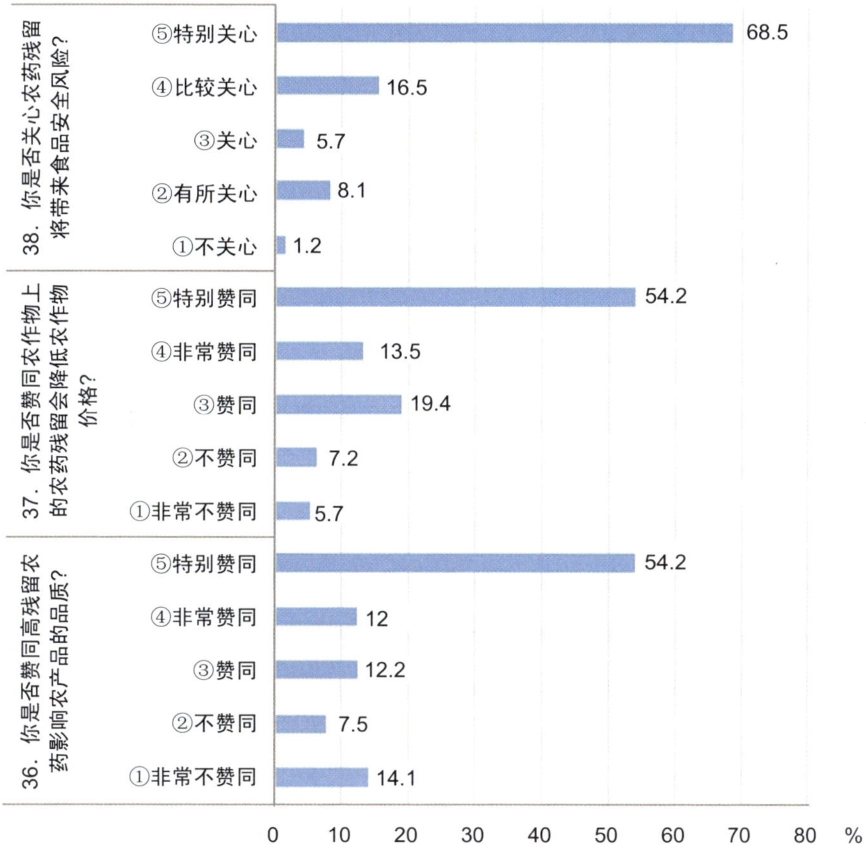

图 7-14　对农药残留风险认知调查

7.4 结论与建议

7.4.1 人员组成和取样设计

对照组人员集中在三大棉区省份，样本组相对集中在长江流域和西北内陆棉区，因此样本组更多地反映了这两个棉区的植棉人口情况。与对照组相比，样本组的多样性增加，主要体现为年龄阶段更广，民族和性别更加平均，且家庭生产地位也更加多样（如样本组中 19.4%的人员为非主要劳动力，对照组中为 0），多样化的取样设置能够为调查带来更加客观的结果，并且能够反映一些容易被忽视的问题。例如，虽然样本组整体教育水平较对照组偏低（样本组主要为初中，占比 57.4%，对照组主要为高中以上，占比 40.0%），但是在植棉过程中，能够更加重视生态效益等因素，而非一味寻求农药替代，可知调查取样的多样性可以带来更加多样性的结果。在未来的类似工作中，对取样对象的筛选应当注意保持性别、民族、文化和年龄等平衡，以保证调查工作的真实和客观。

7.4.2 对硫丹化学特性和使用风险的认知

调查显示，对于硫丹的化学农药属性，经过培训的样本组掌握情况优于对照组，如样本组（38.4%）比对照组（24.4%）的人更了解硫丹的化学分类，同时样本组（95.8%）比对照组（84.4%）的人更知晓硫丹为杀虫剂。对于硫丹的毒性知识，样本组较多选择硫丹为剧毒农药（样本组 47.2%＞对照组 33.3%），由此可认为培训活动对农户造成了较大影响，另植棉人口对农药毒性的警惕性显著上升，这对进一步淘汰高毒、高残留化学农药工作是一个较好的反馈。

经过培训的样本组人员，显著提升了对硫丹农药属性的认识，例如，更多的人明确了硫丹的广谱杀虫特性（对于棉铃虫，样本组 73.6%＞对照组 73.3%；对于棉蚜，样本组 65.7%＞对照组 48.9%；对于红蜘蛛，样本组 65.3%＞对照组 13.3%），该项调查充分证明培训收获了良好效果。同时，样本组人员大多准确知晓硫丹的优势在于速效（65.3%）、广谱（56.9%）和持效性（34.7%）等，且知晓比例较对照组均显著提高。故我们认为，项目对硫丹农药属性知识的培训显著提高了植棉农户的认识。

对硫丹的环境危害方面，样本组集中提高了认识，例如，93.5%的人员明确硫丹施用对人体健康不好（对照组为 66.7%）；集中知晓硫丹对益虫、鸟类、鱼类等环境生物具有危害性（样本组 86.6%＞对照组 53.3%）；并且集中明确硫丹具有土壤残留性，知晓硫丹的 POPs 属性（样本组 91.7%＞对照组 46.7%）。由此可见，对于曾经常用的农药其环境特性，植棉农户的认识一向难以深入，而通过项目培训活动，能够在短期内取得长足进步，弥补了农户原来不曾关注的知识点，取得了明显效果。

7.4.3　对硫丹淘汰和禁用影响的认知

相较对照组人员，样本组更多人知晓硫丹已禁用（样本组 91.2%＞对照组 77.8%），而且其知晓途径主要来自农技人员（样本组 93.1%＞对照组 66.7%）而非经销商（样本组 24.1%＜对照组 51.1%），说明培训活动迅速传达了硫丹淘汰的现状，并且让农户更加愿意依赖农技人员，为进一步实现绿色防控和统防统治奠定了基础。

较为有趣的是，对照组和样本组大多数人都认为硫丹的淘汰对棉花病虫害防治不会有显著影响（均为 77.8%），而样本组较对照组有更少的人认为硫丹可以有效替代（样本组 92.1%＜对照组 100%），对硫丹替代方法的有效性也非全员同意（样本组 93.5%＜对照组 100%）。这一结果侧面反映出项目培训活动在增加农户知识的同时，有可能提高了植棉农户对植保技术的期望，在短期内明确了解硫丹优势的前提下，引发了农户对替代方法可行性的思考，这一现象为棉花全生产链绿色防控模式的研发提出了更高的要求。

对于硫丹淘汰后的影响方面，样本组人员集中明确了硫丹淘汰的益处为减少土壤残留（样本组 74.5%＞对照组 44.4%），对天敌安全（样本组 58.3%＞对照组 20.0%）和对人类健康有益（样本组 78.2%＞对照组 77.8%），该项调查证明，虽然样本组农户对硫丹完全替代方法的可行性抱有部分怀疑，但其已经较为统一地认识到硫丹是需要给予淘汰的化学农药。

7.4.4 植保思路变化

首先，对照组农户的选药标准大量集中于防效好（对照组 91.1%＞样本组 82.9%）和持效期长（对照组 75.6%＞样本组 49.1%），而受训的样本组已知晓防效和持效性可能与毒性和残留性挂钩，故选药标准更加平衡，更加偏重于毒性低（样本组 72.2%＞对照组 57.8%）、残留少（样本组 64.4%＞对照组 37.8%）和环境生物友好型（样本组 65.3%＞对照组 24.4%）等。值得注意的是，价格低廉（样本组 42.6%＞对照组 40.0%）已不是植棉人口选药标准中最为重要的内容，因此这一项调查为我们提供了一个重要信息，即硫丹替代方法可以有相对广阔的价格调整空间。

同时，样本组 84.6%的人愿意尝试稍贵的硫丹替代方法，而对照组里也高达 68.9%，与上一问结论相呼应，为硫丹替代技术的研发提供了更多可能性。进一步地，对照组（88.9%）和样本组（95.4%）农户都希望未来能参加更多农药禁限用方面的信息和培训活动，说明培训活动在植棉农户中反响良好，未来应该组织更多相关培训。

7.4.5 硫丹替代技术的应用

对硫丹替代技术的应用方面，样本组和对照组差别极为显著。对照组大多选择其他化学农药代替硫丹（对照组 86.7%＞样本组 36.1%），而样本组农户的选择非常多样，如杀虫剂（47.7%）、释放天敌（38.9%）、性诱剂（74.1%）、生物农药（46.8%）等，此结果充分说明植棉农户在高毒农药淘汰后替代方法选择方面具有盲目性，只有通过植保推广和项目活动干涉，才能更好地引导农户提升综合防治思路。

从施药次数上看，样本组较对照组表现明显更好，例如，生长期施药 2～3 次为主，样本组 65.3%＞对照组 35.6%；而施药 6 次以上的人数很少，为样本组 10.1%＜对照组 22.2%；少数人仅施药 1 次，样本组 7.9%＞对照组 0。说明提高农户对农药减量的认识，或者通过统防统治降低农药施用，能够显著提升农产品安全性。

对农药的选择信息来源方面，样本组集中为从农技人员处得到建议（样本组 93.5%＞对照组 57.8%），而较少从经销商处获得选择信息（样本组 36.1%＜对照组 66.7%）。同时该项调查显示对照组的消息来源具有多样性，如根据经验（对照组 55.6%＞样本组 18.5%），经销商和农技人员获取咨询的效率相当，这一结果可能和取样地域来源的多样性有关。

除农药外，样本组倾向于使用多样化的方法进行病虫害防治，如转基因（69.0%）、自然天敌（45.8%）、人工天敌（35.6%）、生态诱捕（56.0%）、物理诱捕（40.7%）和微生物药剂（35.2%）；相对而言，对照组较多依赖转基因品种（82.2%），多样性较差，故需要通过培训进一步提高植棉农户的认识，使其明确和了解综合防治模式。

最后，样本组农户对农药残留普遍具有相当程度的了解（30.8%），并且大多数赞同农药滥用会造成农产品和环境残留（70.0%），知晓农药残留影响农产品的品质、价格和安全性。

7.4.6　对棉花病虫害防治的长期影响

通过全球环境基金“中国硫丹淘汰项目”的实施，项目组有针对性地举办了植棉农户培训班、农民夜校等，显著提高了各棉区农业人口对硫丹淘汰政策、硫丹替代技术、棉花绿色防控技术的认知程度，普及了硫丹危害知识、淘汰政策，营造了《斯德哥尔摩公约》履约的政策和技术氛围。调查结果显示，对照组和样本组在植保需求等关键问题上认知较为一致，这为未来高毒农药淘汰和替代技术的研发提出了更高要求，督促植保人进一步努力攻关；样本组较对照组更大程度地掌握了硫丹禁用政策、硫丹替代技术、棉铃虫绿色防控技术模式方面的知识，并对未来应用硫丹替代技术和绿色防控技术模式给出了积极的态度及行为表现，项目活动取得明显效果，对于进一步扩大硫丹淘汰项目的影响力、巩固“中国硫丹淘汰项目”成果可发挥更大的作用。

附录

“硫丹淘汰和替代技术”应用情况调查表

（农户问卷）

[在认为正确的答案后的（）内划√或填写相应的内容，可单选或多选]

__________省（自治区）_____县_______乡（镇）______村___组

一、基本情况

1．被调查人姓名：

2．被调查人性别：

3．被调查人民族：

4．年龄：

①小于 20 岁（　）②21～30 岁（　）③31～40 岁（　）④41～50 岁（　）⑤51～60 岁（　）⑥61 岁以上（　）

5．受教育程度：

①高中或中专及以上（　）　②初中（　）③小学（　）④小学以下（　）⑤文盲（　）

6．被调查人是否为家庭植棉主要劳动力和决策者：

①是（　）②不是（　）

7．2019 年棉花播种面积（亩）：

二、硫丹相关知识

8．你以前听说过硫丹吗？

①知道（　）②不知道（　）

9．你以前用过硫丹吗？

①用过（　）②没用过（　）③不记得了（　）

10．硫丹是哪类农药？

①杀虫剂（　）②杀菌剂（　）③除草剂（　）④不知道（　）

11．硫丹属于哪类农药？

①有机磷类（　）②有机氯类（　）③拟除虫菊酯类（　）④其他（　）⑤不知道（　）

12．硫丹的毒性是：

①剧毒（　）②高毒（　）③中等毒（　）④低毒（　）⑤不知道（　）

13．棉田使用硫丹防治哪种病虫害？

①棉铃虫（　）②棉蚜（　）③红蜘蛛（　）④铃病（　）⑤黄萎病（　）⑥其他（　）⑦ 不知道（　）

14．选择硫丹是因为哪些优点？

①速效（　）②可以兼治棉铃虫和棉蚜（　）③持效期长（　）④价格便宜（　）⑤不知道（　）

15．施用硫丹会对人的健康造成影响吗？

①对健康不好（　）②不知道（　）③没影响（　）

16．硫丹会杀死蜜蜂和鸟吗？

①不会（　）②会（　）③不知道（　）

17．施用硫丹后，硫丹会长期残留在土壤里吗？

①会（　）②不会（　）③不知道（　）

18．你知道在中国已经禁止销售和使用硫丹了吗？

①知道（　）②不知道（　）

19．你从什么渠道知道硫丹已经禁用了？

①经销商（　）②农技人员（　）③病虫情报（　）④电视广播（　）⑤邻居亲戚（　）

20．现在在农药店能否买到硫丹？

①能（　）②不能（　）

三、对硫丹淘汰和应用替代技术的态度

21．硫丹禁用对棉花害虫防治会有影响吗？

①没影响（　）②其他药剂防效不好（　）③其他药剂价格高（　）④不知道（　）

22．不用硫丹，有其他方法防治棉铃虫和棉蚜吗？

①有（　）②没有（　）③不知道（　）

23．不用硫丹，有其他方法可以有效控制棉铃虫和棉蚜吗？

①可以（　）②不行（　）③不知道（　）

24．棉田农药选择的标准是哪些？

①防效好（　）②毒性低（　）③残留少（　）④对天敌安全（　）⑤价格低（　）⑥持效期长（　）

25．淘汰硫丹对环境和人类健康有哪些影响？

①减少土壤残留（　）②对天敌安全（　）③对人类健康有益（　）④不知道（　）

26．如果用生物农药、性诱剂、天敌等方法防治棉花害虫，但支出比农药多，你可以接受吗？

①可以（　）②不愿意（　）③不确定（　）

27．如果有农药禁用限用方面的信息和技术培训，你愿意接收和参加吗？

①愿意（　）②不感兴趣（　）③不知道（　）

四、应用硫丹替代技术的行为

28．除了硫丹，你还用过什么方法防治棉铃虫和棉蚜？

①其他化学农药（　）②生物农药（　）③性诱剂（　）④释放天敌（　）⑤杀虫灯（　）⑥黄板（　）⑦没用过（　）

29．防治棉铃虫和棉蚜，你常用的农药品种是：

①（　　　）②（　　　）③（　　　）④（　　　）

30．你每季打几遍药防治棉铃虫和棉蚜？

①1 遍（　）②2～3 遍（　）③4～5 遍（　）④6 遍以上（　）⑤不打药（　）

31．你是如何选择农药的：

①农技人员推荐（　）②经销商推荐（　）③依靠自己的用药经验（　）④邻居或亲友推荐（　）⑤看标签后决定（　）⑥病虫情报推荐（　）⑦看商业广告决定（　）⑧其他（　）

32．除了喷施农药，你还使用过什么方法可以防治棉铃虫和棉蚜？

①转基因棉品种（　）②瓢虫和草蛉（　）③释放赤眼蜂（　）④性诱剂（　）⑤微生物农药（　）⑥杀虫灯（　）⑦不知道（　）

33．你对现在使用的防治方法的防效满意吗？

①满意（　）②不满意（　）③不知道（　）

34．你了解农药残留的概念吗？

①完全不了解（　）②稍微知道一点（　）③一般了解（　）④非常了解（　）⑤特别了解（　）

35．你认为频繁、大量使用农药会造成农药在农产品和环境中的残留吗？

①不清楚（　）②不会（　）③可能会（　）④会（　）⑤肯定会（　）

36．你是否赞同高残留农药影响农产品的品质？

①非常不赞同（　）②不赞同（　）③赞同（　）④非常赞同（　）⑤特别赞同（　）

37. 你是否赞同农作物上的农药残留会降低农作物价格？

①非常不赞同（　）②不赞同（　）③赞同（　）④非常赞同（　）
⑤特别赞同（　）

38. 你是否关心农药残留将带来食品安全风险？

①不关心（　）②有所关心（　）③关心（　）④比较关心（　）
⑤特别关心（　）

第 8 章

硫丹废物处置

8.1　相关背景及情况

8.1.1　历史库存硫丹处置的背景

1994 年，中国开始使用硫丹杀虫剂，主要用于棉花、烟草、苹果树和茶树 4 种作物上的害虫防治，其中用于棉花的硫丹约占总使用量的 55%。自 1994 年硫丹在中国投入使用以来，到 2004 年总使用量达到了 25 700 t，约占全球总使用量的 1/4。

经前期调查发现，一些农药生产企业还有库存的硫丹，为了防止硫丹非法流入市场，2020 年 9 月，项目组决定对农药生产企业的历史库存硫丹进行无害化处置，以落实《斯德哥尔摩公约》对库存废物处置的要求，消除我国违约的风险。

8.1.2　清理目标及质量控制目标

清运过程要符合国家有关危险废物收集、运输、贮存和处置的相关政策、法律法规和技术标准要求；焚烧处置过程中焚烧设施运行工况及污染物排放要满足《危险废物焚烧污染控制标准》（GB 18484）的要求，二噁英烟气排放浓度要低于 0.1 ng TEQ/Nm^3，并提供相关检测报告。

8.1.3　工作依据

（1）《关于持久性有机污染物的斯德哥尔摩公约》（2001 年 5 月 22 日通过）

（2）《中华人民共和国固体废物污染环境防治法》（2020 年 4 月 29 日第二次修订，2020 年 9 月 1 日起实施）

（3）《危险废物贮存污染控制标准》（GB 18597—2001）

---

* 本章由王坚、张扬、宁禹航、崔勇、王安钰、陈果、张磊完成。

（4）《危险废物焚烧污染控制标准》（GB 18484—2020）

（5）《危险废物污染防治技术政策》（环发〔2001〕199 号）

（6）《中华人民共和国安全生产法》

（7）《中华人民共和国道路交通安全法》

（8）《危险废物转移联单管理办法》（国家环境保护总局令第 5 号）

（9）《危险货物运输包装通用技术条件》（GB 12463—2009）

（10）《道路危险货物运输管理规定》（交通运输部令 2016 年第 36 号）

（11）《汽车运输危险货物规则》（JT 617—2004）

（12）《汽车危险货物运输、装卸作业规程》（JT 168—2004）

（13）《危险废物经营许可证管理办法》

8.2 项目实施准备工作

8.2.1 项目实施流程

本项目的实施流程如图 8-1 所示。

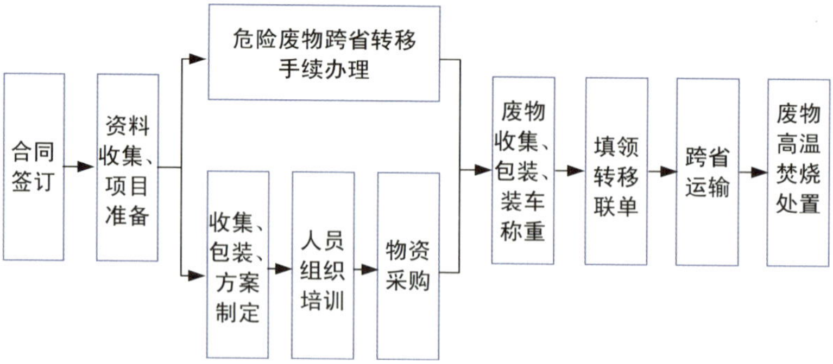

图 8-1　项目实施流程

项目技术路线包括合同签订、准备工作、废物收集、废物长途运输，最终废物经过高温焚烧达到无害化处置。

8.2.2　前期准备工作

8.2.2.1　转移手续办理

因跨省转移手续办理涉及转出省和转入省的生态环境部门，流程较长，且由于受新冠肺炎疫情影响，转移手续办理过程较为缓慢。至 2021 年 9 月中旬，在辽宁省和江苏省生态环境厅的大力协助下，全部转移手续办理妥当。

8.2.2.2　物资与车辆准备

（1）物资采购

2021 年 10 月中上旬，完成了整个收集、包装所需的物资采购工作。

收集包装使用的主要材料有：劳动保护用品、防护服、硬塑托盘、塑料包装桶、缠绕膜、锯末、抹布、HDPE 防渗膜、衬膜环保袋、加厚吨袋、防渗布、灭火器等，见图 8-2、表 8-1。

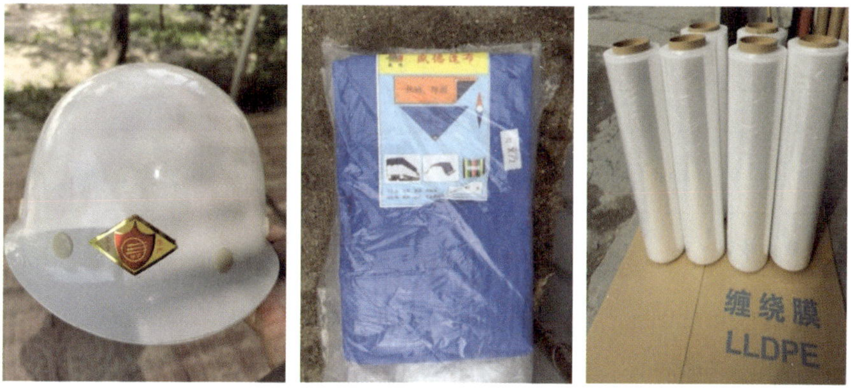

（a）安全帽　（b）防渗布　（c）缠绕膜

（d） 锯末　　（e）灭火器　　（f）HDPE 防渗膜

图 8-2　物资采购及定制情况

表 8-1　部分采购及定制物资

序号	名称	规格	数量	备注
1	塑料包装桶	200 L， Φ560 mm×900 mm	10 个	
2	硬塑托盘	1 200 mm×1 200 mm×900 mm	40 个	
3	加厚吨袋	1 000 mm×1 000 mm×1 200 mm	20 个	
4	防渗膜	HDPE 膜	200 m^2	
5	防渗布	6 m×12 m，7 卷	400 m^2	
6	防护服	—	5 套	
7	防护手套	—	20 双	
8	口罩	3M 口罩	200 个	
9	灭火器	干粉手持式	5 个	
10	锯末	20 kg/袋	10 袋	
11	整理箱	40L， 415 mm×315 mm×260 mm	1 个	

收集、包装和转移运输期间正值全国新冠肺炎疫情防控的特殊时期，我单位根据防疫要求，制定了新冠肺炎防疫应急预案，对全部入场管理人员、作业人员的身份信息和近期行程进行核查、报备，并在入场前进行核酸检测，全部入场人员核酸检测均为阴性。提前购买了日常防护用品，如口罩、一次性手套、消毒液、测温枪、温度计等。

（2）运输车辆和人员准备

本项目运输车辆采用具有危险废物（HW04）运输资质的长集装箱挂车，清运前核查了车辆、人员等相关信息，确认资质有效无误后与运输公司签订了转移合同。

（3）人员培训

1）安全教育培训

对参与收集、包装和处置的一线操作人员都要进行有效的安全教育及培训，考核通过后才能够开展清运和处置工作，见图 8-3。

图 8-3　安全教育培训及演练

培训包括以下几个部分：

①了解硫丹农药对环境及人体健康的危害。

②熟悉各个工作环节的技术要求。

③了解并熟练掌握人身健康防护用品的种类和使用方法。

④明确清理和处置过程中各项管理制度，及其自身应承担的责任。

⑤熟练掌握可能发生的人体中毒事故的急救措施。

2）应急预案教育培训

①应急设施。

a. 在硫丹废物贮存设施内和低浓度硫丹农药废物处理现场，均需配备有应急装备：灭火器、锯末、空容器或桶等。

b. 发生火情时，应采用干粉灭火器。

c. 硫丹废物贮存和处置区域内应张贴泄漏事故处理流程，发生泄漏事故时，可以快速地对现场进行处理。

d. 硫丹废物贮存和清理区域内均应放置泄漏事故收集箱、包装容器、储水罐、个人防护设备、应急药品等。

②急救措施。

a. 只准许受过训练，且正确穿戴防护服及防护装备的人员来处理事故现场。

b. 当出现硫丹废物溢出或泄漏情况时，须立即加以堵截，用适当的吸附剂，如干软沙子、锯末等加以覆盖、混合，然后将其转入适当的容器。

c. 若皮肤接触到硫丹农药，须用无水清洗剂清洗最少 15 min，再用毛巾擦干，然后就医。使用过的毛巾视为高浓度污染物处理。

d. 若眼睛接触到硫丹农药，应先将面部向接触部位侧偏，并用温水由眼睛内角向外冲洗 15 min 并保持张开，然后立即就医。

e. 若是因口服而导致的中毒，应先采取呕吐及洗胃，使用呕吐剂、手指或饮用温盐水的方法将有毒物质吐出。另外，为抑制有毒物质在体内被吸收，可以使用适当的吸附剂，如硅酸铝及活性炭，加水吞服，并立即就医。

8.3 项目实施

根据项目实施方案，结合现场实际情况，沈阳环境科学研究院先后投入人员 20 余人，历时 40 天，对江苏快达农化股份有限公司库存硫丹废物进行了收集、包装、长途运输、焚烧处置，其中收集包装 3 天、长途运输 3 天、暂存 30 天、焚烧处置 4 天，最后全部硫丹废物经过高温焚烧达到无害化处置目标。

8.3.1　硫丹废物分类和包装

现场踏勘后，根据硫丹农药外包装的破损程度对废物进行了分类：①外包装保存较完好；②纸箱外包装破损严重，箱内农药塑料瓶包装完好；③箱内农药塑料瓶破损、泄漏。

然后根据分类分别对其进行包装、暂存。

（1）外包装保存较完好的废物：首先在硬塑托盘内铺垫双层 HDPE 防渗膜，然后将整箱的硫丹农药废物整齐摆放入内，最后用缠绕膜紧密缠绕 5 层，使整个托盘内的废物固定、密封完好，见图 8-4。

图 8-4　缠绕膜固定、密封

（2）纸箱外包装破损严重，箱内农药塑料瓶包装完好的废物：使用新纸箱将农药废物包装，然后在硬塑托盘内铺垫双层 HDPE 防渗膜，将整箱的硫丹农药废物整齐摆放入内，最后用缠绕膜紧密缠绕 5 层，使整个托盘内的废物固定、密封完好，见图 8-5。

图 8-5　重新包装、缠绕膜固定、密封

（3）箱内农药塑料瓶破损、泄漏的废物：将农药瓶和内部残余的农药以及泄漏、散落的农药废物集中收集至塑料包装桶中，然后将塑料包装桶整齐摆放至木质托盘上，最后用缠绕膜紧密缠绕 5 层，使整个托盘内的废物固定、密封完好，见图 8-6。

图 8-6　塑料桶包装、缠绕膜固定、密封

8.3.2　硫丹废物装车与称重

本项目危险废物的长途运输采用长集装箱挂车。为了降低转运过程中的二次污染风险，直接将长途运输车辆停放于硫丹农药库房附近空地，进

行场边装车。利用叉车将包装好的废物转运至长集装箱挂车，转运过程十分顺利。废物总重 19.1 t，装车情况见图 8-7。

图 8-7　硫丹废物装车

在整个危险废物转运和装车过程中，施工人员有条不紊、小心谨慎，对转运的废物轻拿轻放，严格避免包装物、缠绕膜的破损；同时指派专人在转运路途上往返巡视，常备不懈，确保及时发现污染物泄漏现象。整个转运和装车过程没有发生任何污染物的泄漏和二次污染情况，硫丹废物称重见图 8-8。

图 8-8　硫丹废物称重

8.3.3 硫丹废物的跨省转移

办理完相关转移手续后，全部硫丹农药废物从江苏快达农化股份有限公司废弃库房发车，运往沈阳环境科学研究院危险废物焚烧处置中心。

本次清运的含硫丹农药废物共计19.1 t。按照预定路线，全部危险废物安全抵达沈阳终点。

起点：江苏快达农化股份有限公司。

终点：沈阳环境科学研究院危险废物焚烧处置中心（新民市国营机械林场顾家工区）。

途经省、市：南通市—海安市—东台市—盐城市—临沂市—青州市—滨州市—沧州市—天津市—唐山市—秦皇岛市—葫芦岛市—锦州市—盘锦市—新民市。

8.3.4 硫丹废物的接收和暂存

2021 年 10 月 25 日，全部硫丹农药废物运抵沈阳环境科学研究院危险废物焚烧处置中心，并转移至危险废物储存库暂存，等待集中焚烧，见图 8-9。

图 8-9 运输废物车辆抵达沈阳并入库暂存

8.3.5　硫丹废物的预处理和焚烧处置

8.3.5.1　硫丹废物的分析检测

硫丹废物入库后，首先进行采样分析。实验人员分别采集了 10 个废物样品进行实验室专业检测，分别使用 X 射线荧光光谱仪、一体式测硫仪对废物元素进行了半定量和定量分析（图 8-10）。通过实验分析，废物中氯元素含量为 8.3%～37.5%，硫元素含量为 4.5%～8.9%。

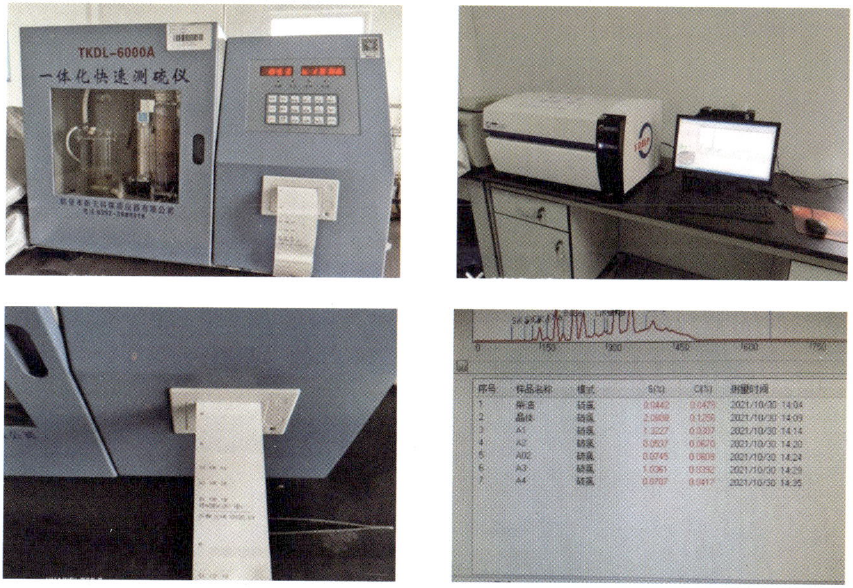

（a）一体式测硫仪　　（b）X 射线荧光光谱仪

图 8-10　硫丹废物的分析检测

8.3.5.2　硫丹废物的预处理

2021 年 11 月 5 日，开始对暂存的硫丹废物进行预处理。外包装完好的硫丹废物直接转移至上料车间，拆除缠绕膜后整箱放置在传送带上传输入炉；塑料包装桶中的硫丹废物与其他废物混拌、塑料包装桶破碎，然后将废物转移至上料车间等待焚烧，见图 8-11。

图 8-11　硫丹废物的预处理

8.3.5.3　硫丹废物的焚烧处置

2021 年 11 月 12 日至 13 日，焚烧处置硫丹农药废物 10.43 t；11 月 27 日至 28 日，焚烧处置硫丹农药废物 8.72 t；11 月 28 日 16 时全部硫丹农药废物处置完毕，见图 8-12。

图 8-12　硫丹废物的焚烧处置

8.3.6　焚烧处置过程工况及排放检测

8.3.6.1　处置过程运行工况

硫丹废物焚烧处置期间，系统运行连续、平稳，回转窑温度为 900～1 000℃，二段炉温度为 1 200～1 250℃，烟气停留时间大于 2 s，全部工艺废水经过处理后回用，不外排。焚烧后产生的残渣热灼减率为 0.28%～1.14%。系统运行工况和性能稳定，在线监测各项指标均满足《危险废物焚烧污染控制标准》（GB 18484）的要求，未发生生态环境事故和安全生产事故，见表 8-2。

表 8-2　焚烧处置运行工况

回转窑温度	900～1 000℃
二段炉温度	1 200～1 250℃
烟气停留时间	≥2 s
残渣热灼减率	0.28%～1.14%

8.3.6.2　处置过程排放检测

硫丹废物焚烧处置期间，烟气在线检测系统运行正常，各项污染物排放指标均满足《危险废物焚烧污染控制标准》（GB 18484）的要求（表 8-3）。同时委托沈阳泽尔检测服务有限公司、江西志科检测技术有限公司分别对常规烟气和二噁英进行了手工采样检测，所有结果均满足《危险废物焚烧污染控制标准》（GB 18484）的要求，见表 8-4。

表 8-3　在线监测数据

在线监测数据		小时均值	旧标准（GB 18484—2001）	新标准（GB 18484—2020）
颗粒物	mg/m^3	3.5～15.5	80	30
二氧化硫	mg/m^3	0.0～98.9	300	100
氮氧化物	mg/m^3	70.4～230.4	500	300
氯化氢	mg/m^3	0.7～15.5	70	60
一氧化碳	mg/m^3	0.3～45.1	80	100
烟气温度	℃	101.3～129.8		

表 8-4 手工监测数据

检测项目	检测结果/（mg/Nm^3）	标准值	
		旧标准	新标准
烟尘	8.3	80	30
二氧化硫	10	300	100
氮氧化物	155	500	300
氯化氢	＜0.2	70	60
一氧化碳	11.7	80	100
林格曼黑度	I	I	I
氟化氢	0.21	7.0	4
镉及其化合物	＜0.000 8	0.1	0.05
铅及其化合物	＜0.002	1.0	0.5
汞及其化合物	＜0.002 5	0.1	0.05
铬、锡、锑、铜、锰及其化合物	＜0.004	4.0	2.5
砷、镍及其化合物	0.003 7	1.0	0.5
二噁英	$9.8E^{-9}$ TEQ	$0.5E^{-6}$ TEQ	$0.1E^{-6}$ TEQ（履约标准）

8.4 项目总结

整个硫丹废物处置项目从开工到焚烧处置完毕历时40天，达到预期目标，本项目总结如下：

①本项目实施过程规范、安全有序，顺利按照原计划执行，达到预期目标，彻底无害化处置了硫丹废物，履行了《斯德哥尔摩公约》，有效地推动了我国硫丹淘汰工作的进行，消除了当地硫丹环境的安全隐患。

②整个项目的实施过程在业主和环保部门的共同监督下完成，全程规范、有效、安全，未发生任何环境污染事故、施工安全事故及人员伤亡。

③运输过程中驾驶员驾驶规范、押运员尽职尽责，快速、安全地将全

部硫丹废物运输至沈阳环境科学研究院危险废物焚烧处置中心，未发生任何交通安全事故和环境污染事故。

④焚烧处置硫丹废物总计 19.1 t。焚烧处置期间，系统连续运行平稳，工况良好，在线监测设备运行正常，经过采样检测，烟气常规指标均满足 GB 28484 的要求，二噁英的排放浓度为 $9.8E^{-9}$ TEQ mg/Nm^3，达到履约要求。